하루만에 완성하는

머플러 위빙

≣ 하루만에 완성하는 ‖‖‖

머플러 위빙

미노와 나오코 지음
남궁가윤 옮김
정현진 감수

다봄

시작하며

'위빙'이라는 말을 들으면 한 번쯤 해 보고 싶지만 쉽게 손을 내밀기에는 너무 문턱이 높다고 생각하시나요? 아뇨, 절대 그렇지 않답니다. 위빙룸에는 시소처럼 생긴 플로어룸만 있는 것이 아니라 이 책에서 소개한 제품처럼 크기도 아담하고 가격도 부담스럽지 않은 테이블룸이 많이 나와 있습니다. 테이블룸은 나무 장난감처럼 보이지만 40㎝×4m 크기 천을 짤 수 있어서 큼직한 숄 정도는 문제없고, 천을 이으면 대형 태피스트리도 만들 수 있지요.

제 작업실에는 구조가 복잡한 플로어룸과 이 책에서 소개한 리지드 헤들룸 등 다양한 유형의 위빙룸을 갖춰 놓았습니다. 실제로 만져 볼 수 있어서 견학하러 오시는 분도 많습니다. 앞으로 위빙을 시작해 보고 싶다는 분들에게 플로어룸과 테이블룸 중 어떤 것이 좋으냐는 질문을 많이 받지만 둘을 비교하기는 어렵습니다.

저는 대학교에서 섬유공예를 전공했기 때문에 스무 살 무렵에 큰 맘 먹고 장만한 첫 위빙룸이 너비 100㎝짜리 플로어룸이었습니다. 플로어룸으로만 가능한 위빙도 있어서 지금까지 이 위빙룸으로 다양한 천을 짰습니다. 하지만 플로어룸은 놔둘 공간도 문제이지만 주위에 소리가 들린다는 점이 가장 큰 문제입니다. 테이블룸을 처음 접했을 때, 제가 편한 시간에 주위 신경 쓰지 않고 위빙을 즐길 수 있어서 얼마나 기뻤는지 모른답니다.

어떤 위빙룸이든 위빙의 기본은 같습니다. 그러니 먼저 가로세로 50㎝ 공간 안에서 날실 걸기에서부터 위빙까지 가능한 테이블룸으로 씨실과 날실이 어우러져선 하나가 천이 되는 즐거움을 맛보는 것은 어떨까요? 작업을 통해 위빙이 자기 취향에 잘 맞는다고 느끼고 더 정밀한 작품을 만들고 싶다는 생각이 들었을 때 주위 환경을 갖추고 플로어룸을 구입해도 늦지 않습니다.

이 책에서는 우븐 머플러를 작품으로 다뤘으나, 다른 소재를 쓰면 인테리어 제품이나 띠를 짤 수도 있으므로 무엇을 만들지는 어디까지나 자기 취향 나름입니다. 테이블룸의 본래 기능은 날실이 1줄 건너 오르내리는 평직을 짜는 것이지만, 조금 더 궁리하여 다양한 무늬를 짤 수 있는 여러 위빙 기법도 소개했습니다.

부디 이 책을 계기로 하여 위빙의 세계에 첫발을 들이는 분이 계셨으면 하는 바람입니다.

CONTENTS

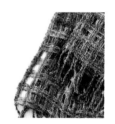

한 단계 어려운 위빙 기법

머플러 위빙에서
만들 수 있는
작품 목록

방울사로 짠
체크무늬 스톨.

만드는 법
54쪽

08

선명한 빨간색으로
옷에 악센트를 준다.

만드는 법
112쪽

가는 실과 천을 찢어
만든 실을 함께 짜서
질감이 독특하다.
비즈도 달아 귀엽게
장식한다.

만드는 법
56쪽

풍성한 부피감의 큼직한
스톨도 기본만 익히면
간단히 만들 수 있다.

만드는 법
110쪽

색실로 짜 넣은
귀여운 무늬가
돋보이는 머플러.
술을 처리하는 방법에 따라
포인트를 줄 수 있다.

만드는 법
84쪽

만드는 법
84쪽

기본 평직 테크닉만으로
만드는 체크무늬 머플러.
색깔은 취향에 맞게
조합한다.

만드는 법
62쪽

선명한 두 가지 색을
조합한 투톤 머플러.
이중직 기법을 이용한다.

만드는 법
116쪽

만드는 법
104쪽

가는 면실을 사용하면
초여름에 어울리는
스톨도 만들 수 있다.

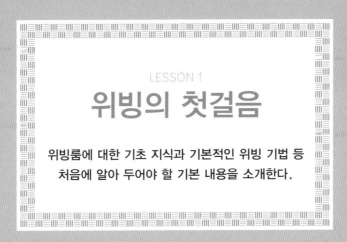

위빙의 첫걸음

위빙룸에 대한 기초 지식과 기본적인 위빙 기법 등
처음에 알아 두어야 할 기본 내용을 소개한다.

리지드 헤들룸

제조사에 따라 뒷면이 정경대로 되어 있는 타입, 반으로 접을 수 있는 타입 등 구조에는 조금 차이가 있지만 기본 사용법은 같다. 기본적인 날실 거는 법은 아래 사진처럼 핀을 세우고 실을 직접 리드에 걸면서 정경(날실을 필요한 수만큼 가지런히 펴서 감는 과정–옮긴이)하는 방법이다. 머플러 크기라면 실 걸기까지 마치는 데 1시간 30분 정도 걸린다.

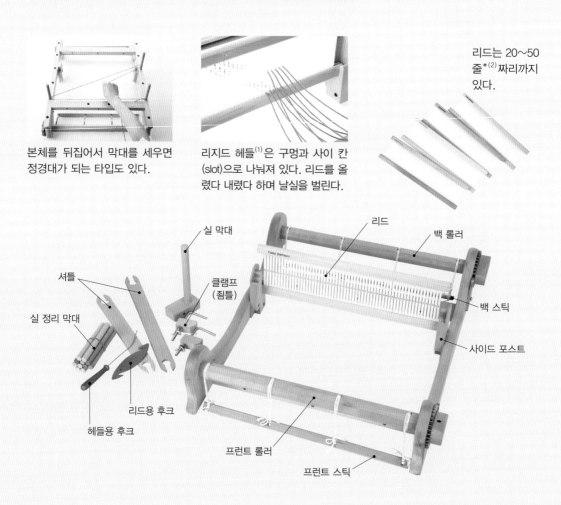

본체를 뒤집어서 막대를 세우면 정경대가 되는 타입도 있다.

리지드 헤들[1]은 구멍과 사이 칸 (slot)으로 나눠져 있다. 리드를 올렸다 내렸다 하며 날실을 벌린다.

리드는 20~50 줄*[2]짜리까지 있다.

실 막대

리드

백 롤러

셔틀

클램프 (죔틀)

백 스틱

실 정리 막대

사이드 포스트

리드용 후크

헤들용 후크

프런트 롤러

프런트 스틱

18

오픈 리드 테이블룸

이 제품의 특징 중 하나는 위빙룸 앞면에 정경대가 달려 있어서 날실 걸기에서 위빙까지 모든 작업이 가로세로 약 50㎝ 틀 안에서 완료된다는 점이다. 또 하나 큰 특징은 얇은 판 모양의 플라스틱(덴트)을 조합한 리지드 헤들에 있다. 돌기 모양의 스토퍼가 붙어 있는 홈에 날실을 꿰면 리드와 헤들에 실 걸기가 다 끝난 것이어서, 머플러 크기라면 실 걸기까지 마치는 데 1시간이면 충분하다.

날실 끝을 주황색 홀더로 끼우는 방식으로 프런트 롤러에 고정하는 원터치형이다.

얇은 덴트에는 앞쪽과 안쪽에 교대로 돌기가 나 있다. 리드를 앞뒤로 기울이면 날실이 돌기에 눌려 벌어진다.

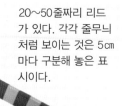

20~50줄짜리 리드가 있다. 각각 줄무늬처럼 보이는 것은 5㎝마다 구분해 놓은 표시이다.

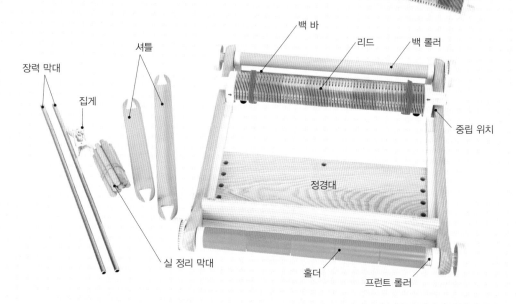

백 바
리드
백 롤러
중립 위치
셔틀
정경대
장력 막대
집게
실 정리 막대
홀더
프런트 롤러

(1) 리지드 헤들: 리드는 씨실을 빗어 내려 정돈하는 도구이고 헤들은 날실을 교차시키는 도구이다. 테이블룸에서는 리지드 헤들이 리드와 헤들의 역할을 동시에 한다.

(2) 10cm 기준으로 몇가닥의 실이 들어가는지에 따라 숫자를 달리 표시한다. 숫자가 작아질수록 실이 굵거나 실 사이 간격이 넓어지고, 숫자가 커질수록 실이 얇거나 실 사이 간격이 촘촘하다.

그 외의 위빙룸

도르래식

일본에서 만드는 플로어룸은 대부분 도르래식이다. 샤프트(Shaft) 2장을 한 쌍으로 하여 각각 필요한 발판에 직접 연결했다. 발판 하나를 밟으면 한 쌍 중 한쪽 샤프트가 내려가고 다른 한 쪽이 올라가며 날실이 벌어지는 시스템이다.

다중 샤프트 테이블룸

플로어룸과 같은 구조로 된 간편 타입 위빙룸이다. 작게 접을 수 있는 타입도 많이 나와 있다. 헤들 분리형이나 헤들 일체형 같은 2장 샤프트로는 짜기 어려운 조직을 짜는 데 흥미가 있어서 구입하는 사람도 있다.

천칭식

서양에서 만드는 플로어룸은 대부분 천칭식이다. 샤프트 2장이 한 쌍인 도르래식과 달리 천칭식은 샤프트를 1장씩 단독으로 움직일 수 있어 복잡한 조직을 짜고 싶은 사람에게 알맞다.

1

리지드 헤들룸으로 짜는
찢어 짜기 1인용 식탁 매트

남은 천을 가늘게 찢어서 씨실로 이용하여 짜는 기법이 찢어 짜기이다. 여기에서는
날실로 면사를 사용했지만, 당겨 봐서 끊어지지 않는 실이라면 어떤 소재나 굵기든
가능하다.

DATA

사용하는 실		**위빙 길이** 35cm
날실	● 중세* 면사 갈색 32m	**날실 길이** 100cm
	● 중세 면사 파랑 24m	**너비와 날실 수** 22cm, 66줄
씨실	● 면 원단 가로세로 약 50㎝	**씨실 밀도와 리드** 3단/cm, 30줄짜리

*중세 : 대바늘 3.0-3.6mm에 알맞은 굵기

STEP 1 씨실 만들기

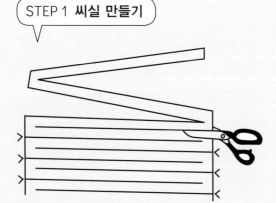

① 끝에서 1.5㎝ 들어온 부분에 가위집을 넣
는다.

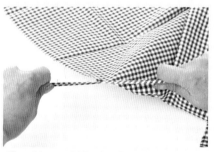

② 양손으로 천을 잡고 힘주어 찢는다.

③ 천을 찢다가 거의 끝 부분에서 멈춘다.

④ 거기에서 아래로 1.5㎝ 내려온 부분에 가위집을 넣어 찢는다. 천 너비만큼 계속 왕복하면 긴 끈 모양으로 이어진다.

⑤ 찢은 천은 올이 풀리지 않도록 하며 일단 동그랗게 감아 놓는다.

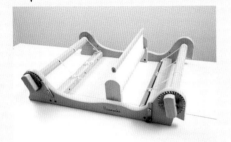

⑥ 위빙룸 본체를 평평한 탁자에 놓고 클램프로 고정한다.

⑦ 본체에서부터 필요한 길이만큼 떨어진 부분에 실 막대를 고정한다.

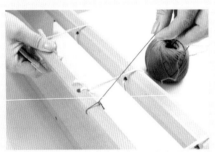

⑧ 갈색 실 끝을 백 스틱에 풀리지 않도록 꽉 묶는다. 실은 본체 뒤쪽에 둔다.

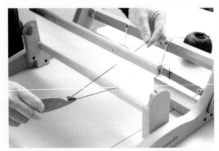

⑨ 실을 사이 칸에 꿰어 실 막대에 건다. 사이 칸에 꿸 때 리드용 후크에 걸어서 당기면 쉽다.

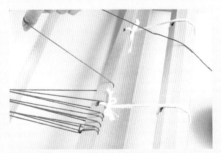

⑩ 실은 백 스틱에서 유턴시킨다.

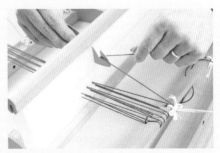

⑪ 옆 사이 칸에 실을 꿴다.

⑫ 실 1줄을 자르지 않은 채로 사이 칸 8개에 16줄 꿴다.

⑬ 갈색 실을 잘라서 백 스틱에 묶는다.

⑭ 여기에서부터 파랑 줄무늬 24줄을 만든다. 먼저 파란 실 끝을 묶는다.

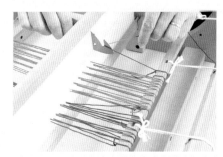

⑮ 파란 실을 사이 칸 12개에 24줄 꿴 뒤에 다시 갈색 실을 사이 칸 8개에 16줄 꿴다.

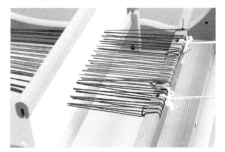

⑯ 22cm 너비에 날실이 66줄 준비된 상태.

⑰ 실 막대에서 15cm 떨어진 지점을 끈으로 묶는다.

18 고리 안에 엄지손가락을 넣고 실 막대에
서 실 다발을 뺀다.

19 고리로 되어 있는 실은 이 단계에서 가위
로 자른다.

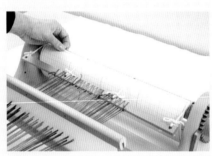

20 백 롤러에 두루마리 종이를 끼우고 날실
을 감는다.

21 톱니바퀴에 스토퍼가 걸려 있는지 확인
한다.

22 날실 다발을 한 손으로 당긴 상태에서 백
롤러에 감는다.

23 실 다발 끝이 프런트 롤러 부근에 오는
길이가 될 때까지 감는다.

㉔ 사이 칸에 들어가 있는 실 2줄 중 왼쪽 1
줄을 빼낸다.

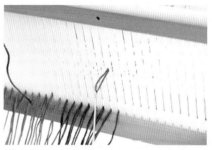

㉕ 사이 칸에서 빼낸 실을 구멍에 꿴다. 헤
들용 후크를 구멍에 꿰고 실을 걸어서
당기면 쉽게 꿸 수 있다.

㉖ 같은 요령으로 모든 사이 칸에서 실 2줄
중 1줄을 구멍으로 옮긴다.

㉗ 다 꿰었으면 날실을 2~3cm 너비로 나눈
다.

㉘ 조금씩 나눈 실은 가지런히 정리하여 프
런트 스틱의 위에서 아래로 감고 실 끝
을 두 묶음으로 나눠서 묶는다.

㉙ 나눠 놓은 실을 모두 팽팽히 당긴 상태
로 묶는다.

③⓪ 날실이 팽팽한 정도가 일정한지 확인하고, 느슨한 날실은 다시 묶는다.

③① 일정하게 팽팽한지 모두 확인했으면 다시 나비 모양으로 묶는다.

STEP 3 **짜기**

③② 리드를 사이드 포스트 뒤에 놓으면 날실은 닫힌 상태가 된다.

리드를 사이드 포스트 위나 아래에 끼우면 날실이 위아래로 벌어진다.

리드를 위아래로 움직일 때마다 씨실을 넣고 리드로 씨실을 눌러 자리잡게 하면 평직 천이 만들어진다.

③③ 처음에 굵은 끈을 씨실로 하여 날실 너비가 고르게 정리될 때까지 몇 단 짠다.

㉞ 그 다음에 두꺼운 종이를 끼우면 이것으로 위빙을 시작할 상태가 된다.

← 실걸이

㉟ 천은 1~1.5㎝ 너비로 찢는다. 찢은 천 끝을 셔틀의 실걸이 부분에 몇 번 감는다.

㊱ 위아래 실걸이에 8자를 그리듯이 찢은 천을 감아 준다.

㊲ 반대쪽 위아래 실걸이에도 찢은 천을 8자로 감는다.

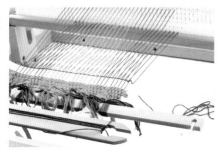

㊳ 찢은 천으로 짜기 전에 남은 날실로 3단 짠다. 짜기 시작한 실 끝은 짜는 너비의 4배 길이만큼 남겨 둔다.

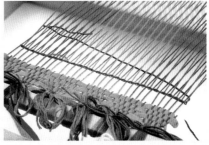

㊴ 3단 짠 뒤에 실을 10㎝ 정도 남기고 자른다. 자른 실 끝은 마지막 날실에 걸어서 다시 같은 단에 넣어 준다.

40 찢은 천으로 짠다. 리드의 아래쪽 반이 열려 있을 때는 오른쪽에서 셔틀을 넣는 다는 식으로 규칙을 정해 두면 위아래를 헷갈릴 염려가 없다.

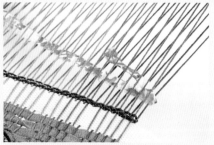

41 찢은 천으로 짠 첫째 단 끝은 마지막 날실 1줄에 걸고 되접어서 같은 단에 넣어 준다.

42 리드를 앞쪽으로 당겨 씨실을 눌러 자리 잡게 한다.

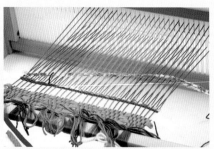

43 씨실은 가장자리가 늘어지지 않도록 주의하고, 여유분을 감안하여 찢은 천을 비스듬히 넣는다.

44 몇 단을 짠 뒤에 종이를 빼고, 남겨 둔 실로 헴 스티치(42쪽 참조)를 한다.

45 헴 스티치를 해 두면 다 짠 뒤에는 날실 만 자르면 올 처리가 된다.

46 짜면서 프런트 롤러에 종이를 끼운다.

47 백 롤러의 스토퍼를 빼고 프런트 롤러에 날실을 감는다. 다시 스토퍼를 고정하고 날실의 팽팽한 정도를 고르게 맞춘 뒤에 짜기 시작한다.

48 찢은 천의 끝도 마지막 날실 1줄을 걸고 되접어서 같은 단에 넣어 준다.

49 남은 날실로 3단을 짠 뒤에 위빙 너비의 4배 길이만큼 실을 남겨 두고 헴 스티치를 한다.

50 날실을 자른다. 다 짠 천은 따뜻한 물에 30분 담가 두면 올이 고르게 정리된다. 말린 뒤에 술 길이를 일정하게 잘라서 완성한다(완성품은 다음 장에).

2

오픈 리드 테이블룸으로 짜는

평직 하운드투스 체크 머플러

두 가지 색깔 모사로 만드는 하운드투스 체크(무늬가 사냥개 이빨을 닮아 붙여진 이름)
머플러는 부드럽게 리드로 씨실을 누르는 것이 포인트다. 하운드투스 체크무늬가
가로세로 고르게 나오도록 씨실을 리드로 누를 때 힘 조절에 유의한다.

DATA

사용하는 실

날실	• 병태 모사 흰색 47m
	• 병태 모사 주황색 47m
씨실	• 병태 모사 흰색 36m
	• 병태 모사 주황색 36m

위빙 길이 160cm
날실 길이 210cm
너비와 날실 수 15cm, 44줄
씨실 밀도와 리드 3단/cm 30줄짜리

＊병태 : 대바늘 3.6–4.2mm에 알맞은 굵기

> ## STEP 1 **실 준비**

① 오픈 리드 테이블룸은 앞쪽에 정경대가
달려 있다. 리드는 빨간색 화살표가 오
른쪽에 오도록 놓는다.

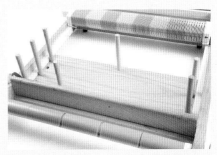

② 날실 길이가 2.1m가 되도록 실 정리 막
대를 세운다.

③ 흰색과 주황색 모사를 백 바에 묶는다. 실은 위빙룸 뒤쪽에 둔다.

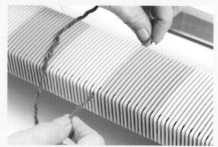

④ 주황색 모사를 톡 소리가 날 때까지 리드의 홈에 끼운다. 이렇게 끼우기만 하면 리드에 실 걸기, 헤들에 실 걸기가 완료된다.

⑤ 실 정리 막대를 따라 2.1m 지점까지 주황색 실을 건다.

⑥ 같은 곳을 통과하며 실을 되돌려서 두 번째 날실을 건다.

⑦ 다음은 흰색 모사 2줄을 같은 방법으로 건다. 주황색과 흰색을 2줄씩 교대로 건다.

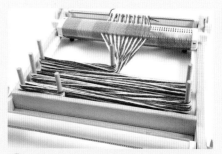

⑧ 주황색과 흰색 2줄씩으로 이루어진 세로 줄무늬로 날실 44줄을 준비한 상태.

⑨ 다른 실로 날실 다발을 몇 군데 묶는다.

⑩ 마지막 실 정리 막대가 있는 곳에 손가락을 넣고 고리로 된 부분을 자른다.

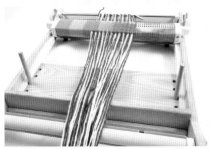

⑪ 44줄×210㎝ 날실이 정리되면 정경대의 가운데 구멍 2개에 실 정리 막대를 세운다.

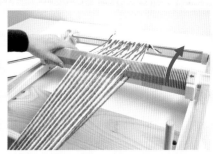

⑫ 리드를 빨간 화살표 쪽으로 기울이면 날실이 벌어진다.

⑬ 그 틈새에 실을 팽팽하게 하는 장력 막대를 끼워서 실 정리 막대 앞쪽에 놓는다.

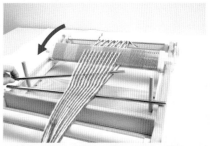

⑭ 리드를 파란 화살표 쪽으로 기울여서 날실이 벌어지면 장력 막대를 넣는다.

15 장력 막대 2개를 집게로 고정한다. 이것
으로 날실이 일정한 정도로 팽팽해진다.

16 두루마리 종이를 끼우고 백 바를 내려서
누른다.

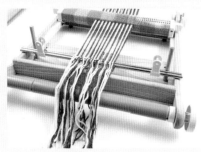

17 핸들을 돌려서 날실을 감는다. 날실이
엉키지 않도록 가끔 풀어 주며 실 끝이
홀더 부분에 올 때까지 감는다.

18 밸크로 테이프로 스토퍼를 고정하고 홀
더를 뺀다.

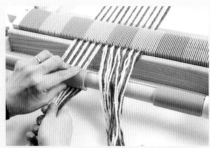

19 리드를 앞쪽으로 당겨 두고 홀더로 날실
너비를 벌리면서 실을 고정한다.

20 날실의 팽팽한 정도가 일정한지 확인하
고, 느슨한 곳은 홀더를 다시 고정한다.

STEP 2 짜기

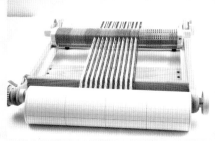

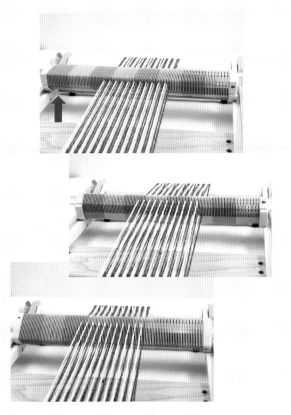

㉑ 프런트 롤러에 두루마리 종이를 끼우고, 날실을 10㎝ 감은 뒤에 짜기 시작한다.

㉒ 위빙할 때 리드는 중립 위치(화살표 부분)에 놓는다. 첫 번째 사진은 날실이 닫힌 상태. 리드를 빨간 화살표나 파란 화살표가 보이는 방향으로 기울이면 날실이 1줄 건너씩 벌어진다.

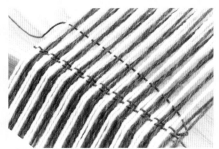

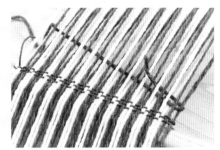

㉓ 처음에 풀림 방지용으로 3단을 짠다. 셔틀 2개에 주황색과 흰색 모사를 각각 감는다.

㉔ 주황색 모사 첫째 단을 짠다. 실 끝은 마지막 날실에 걸고 되접어서 같은 단에 넣어 준다.

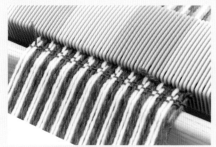

25 리드를 앞쪽으로 당기면 씨실을 눌러서 정리한 것이 된다.

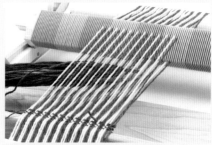

26 둘째 단 실을 넣는다. 씨실은 느슨하게 넣고 살짝 누르는 정도로 리드를 당긴다.

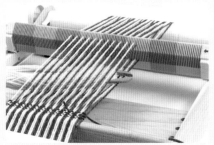

27 흰색 모사 첫째 단을 짠다.

28 흰색 모사 둘째 단을 짤 때는 날실이 벗겨지지 않도록 주황색 실에 얽어 준다.

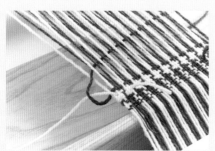

29 두 가지 색깔 실을 얽으면서 2단씩 색을 바꿔 가며 짠다.

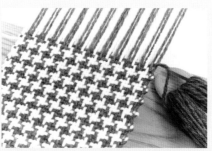

30 머플러일 때는 하운드투스 체크무늬 모양이 네모나게 나오도록 느슨하게 누르는 정도로만 리드를 당기도록 주의한다.

③① 흰색 실의 끝은 마지막 날실에 걸고 되 접어서 같은 단에 넣어 준다.

③② 주황색 실도 같은 방법으로 다 짜면, 풀 림 방지용으로 3단을 짠 뒤에 날실을 자 른다.

③③ 다 짠 천을 위빙룸에서 떼어 낸다.

③④ 풀림 방지용 단을 풀고 날실을 4줄씩 넥 타이 매듭으로 묶는다(42쪽 참조). 모사 로 짠 천은 세제를 조금 푼 따스한 물에 담가서 가볍게 눌러 빨고 섬유유연제로 헹구면 보드랍고 풍성하게 마무리된다. 다 말린 뒤에 술을 가지런히 잘라 완성 한다(완성품은 다음 장에).

완성!
★

짤 때의 주의점

짜기 시작할 때의 주의점

● 다 짠 천을 위빙룸에서 떼어 내면 실 끝이 느슨해 진다. 그러므로 천을 짜기 시작할 때와 마칠 때는 다 른 실로 풀림 방지용 단을 몇 단 짠다. 풀림 방지용 단은 술을 처리할 때 풀어 준다.

● 정식으로 짜기 시작할 때 실 끝은 같은 단에 반대 방향으로 넣어서 처리한다. 이때 실이 빠지지 않도 록 마지막 날실에 걸어서 되접어 준다.

● 씨실을 위빙 너비만큼만 넣어서 짜면 천의 너비가 좁아지므로, 여유분으로 30도 정도 각도를 주는 것 이 좋다.

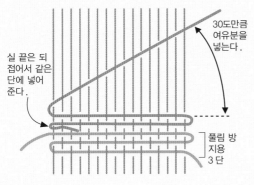

실 끝은 되 접어서 같은 단에 넣어 준다.

30도만큼 여유분을 넣는다.

풀림 방 지용 3 단

씨실 잇는 법

● 씨실을 실 끝끼리 5㎝ 정도 겹친다. 튀어나온 실 은 나중에 잘라 낸다.

● 씨실 색을 바꿀 때 실 끝은 짜기 시작할 때와 마찬 가지로 같은 단에서 되접어 처리한다.

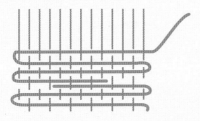

날실에 매듭이 있을 때

● 날실을 걸어서 감는 도중에 매듭을 발견했다면, 매듭을 마지막 실 정리 막대 자리로 가져온다. 만일 모르고 그냥 짜기 시작했을 때는 먼저 매듭을 뜯어 내고 그 날실이 1줄 없는 상태로 계속 짠다. 어느 정 도 짜고 나면 자른 실 끝을 시침핀으로 고정한다(그 림 1). 건너뛴 곳은 나중에 다른 실을 올 사이를 따라 넣어서 실 끝끼리 5㎝ 정도 겹친 뒤에 남은 실 끝은 잘라 낸다(그림 2).

그림 1   그림 2

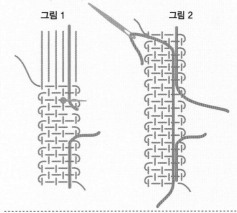

올을 건너뛰었다면

● 다 짠 뒤에 건너뛴 올을 발견했다면, 다른 실을 바 늘에 꿰어 올 사이의 바른 자리에 넣는다. 해당 부분 에서 3㎝ 정도 겹쳐 주고, 건너뛴 실은 잘라 낸다.

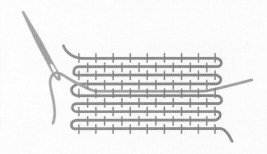

술 처리 방법

머플러나 스톨 등 두르는 종류는 술 처리
방식에 따라 분위기가 달라진다.
실 소재와 디자인에 맞도록 술을 처리하여
나만의 느낌을 즐겨 보자.

넥타이 매듭

술 몇 가닥을 그중 한 가닥으로 묶는 방법. 매듭은
천 가장자리에 오도록 한다.

올 사이로 넣기

① 위빙한 가장자리를
다 보이게 하고 싶을
때는 술을 천의 올 사
이로 넣는다.

② 올 사이로 모두 넣은
상태.

헴 스티치

① 마지막 날실을 위빙
너비의 4배 길이만큼
남기고 그 실을 돗바
늘에 꿰어 스티치한
다.

② 4줄을 바늘로 줍고
같은 자리에서 바늘
을 넣어 4줄의 가운
데 둘째 단의 올 사
이에서 실을 뺀다. 이
과정을 되풀이한다.

펠트 바늘

소재가 모일 때는 천 가장자리를 펠트 바늘로 찔러
서 고정할 수도 있다.

꼬아서 합치기

① 술 몇 가닥을 둘로 나눠서 실의 꼬임과 반대 방향으로 꼰다.

② 두 다발을 합쳐서 실의 꼬임 방향으로 꼰다.

네 줄 땋기

① 네 다발로 나눈 술을 순서대로 땋는다.

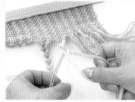

② 섬유가 얽히지 않는 실에 적합하다.

증모

천 가장자리에서부터 둘째 단에 다른 실을 끼워서 함께 묶으면 부피감 있는 술이 된다.

코일링

① 위빙 기법 중 하나로 술에도 응용할 수 있다. 먼저 다른 실로 한 군데를 묶는다.

② 빈틈이 생기지 않도록 실을 감는다.

③ 마지막에 감은 고리 속으로 실 끝을 통과시켜서 고정한다.

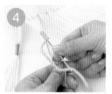

④ 실 끝은 아까 실을 감은 속으로 통과시킨다.

마크라메(평매듭)

① 술 4가닥 중 가운데 2가닥에 필요한 수만큼 비즈를 끼운다.

② 양옆의 술 2가닥으로 2번 묶어 고정한다. 이 과정을 반복한다.

③ 한 번씩 걸러서 비즈를 끼운다.

④ 완성.

이럴 땐 어떻게 할까?

Q&A

Q 실 길이를 정확하게 재려면?

날실 길이를 정확하게 재려면 먼저 날실 길이+매듭분만큼 실을 준비한다. 그 실 끝을 백 바에 묶고 실 길이에 맞춰 실 정리 막대를 세우면 정확한 날실 길이가 된다.

Q 날실은 매번 걸어야 하나?

테이블룸은 한 번에 4m 정도 길이의 날실을 걸 수 있다.

컵받침 등을 한꺼번에 여러 장 짜고 싶을 때는 1장을 짠 뒤에 컵받침 2장의 술 분량으로 두꺼운 종이 등을 끼우고, 이어서 두 번째 컵받침을 짠다. 술을 넥타이 매듭으로 처리할 때는 첫째 장과 둘째 장 사이를 20cm쯤 비워 놓아야 하지만, 헴 스티치로 처리한다면 5cm 정도의 간격만 띄우면 효율적으로 짤 수 있다.

Q 변형 실 걸기란?

테이블룸에 날실을 걸 때 틈을 비우고 걸면 날실이 2줄씩 벌어지는 평직이 된다(72쪽의 바스켓 짜기 등은 아래 방법으로 실을 건다.).

리지드 헤들일 때

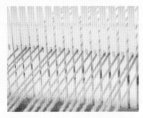

구멍, 구멍, 사이 칸, 사이 칸 순으로 닐실을 끼운다.

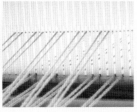

리드를 움직이면 날실이 2줄씩 벌어지는 평직이 된다.

오픈 리드일 때

1줄, 틈새 1칸, (2줄, 틈새 1칸 반복) 1줄 순으로 날실을 끼운다.

리드를 기울이면 날실이 2줄씩 벌어지는 평직이 된다.

Q 마무리 단계에서 하는 일은?

위빙을 한 천은 끝마무리로 따뜻한 물에 담가서 먼지를 없애고 올이 고르게 자리 잡도록 한다. 면이나 실크는 물속에 15분쯤 담근 뒤에 수건에 싸서 물기를 뺀 뒤에 말리면 된다. 모일 때는 '축융'이라고 하여 모 섬유끼리 얽히게 하는 것이 목적이다. 이때 가장 중요한 것이 50℃ 정도의 뜨거운 물을 준비하는 것이다. 먼저 천이 푹 잠길 양만큼 뜨거운 물을 준비하고 천 무게의 5% 정도 세제를 푼 뒤에 천을 담근다. 그대로 뒀다가 온도가 손을 넣을 수 있는 정도가 되면 흔들어 빨기를 하듯 천을 움직인다. 특히 술을 꼬아서 힙지기로 처리했을 때는 그 부분만 비벼 빤다. 첫 온도가 낮으면 축융이 일어나지 않으므로 물 온도에 주의한다.

면이나 실크는 물을 받아서 그 속에 담그고 펼치면서 눌러 빤다. 골고루 물에 적신 뒤에 살짝 탈수해서 말린다.

모는 세제를 푼 50℃ 물에 담가서 푹 적셔지면 흔들어 빤다. 술을 꼬아서 합치기로 처리했을 때는 그 부분을 꼼꼼하게 비벼 빤다. 잘 헹군 뒤에 섬유유연제를 푼 따스한 물에 담그고 나서 살짝 탈수하여 말린다.

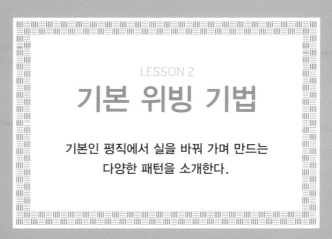

LESSON 2

기본 위빙 기법

기본인 평직에서 실을 바꿔 가며 만드는
다양한 패턴을 소개한다.

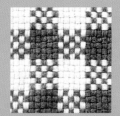

특수사로 짜기

01
모헤어 × 평직

가장 대중적인 특수사로는 모헤어사가 있다. 모헤어사를 날실로 사용하여 폭신폭신한 머플러를 짜면
표면의 털이 리드에 걸린다. 그래서 날실에는 적합하지 않다고 여기기 쉽지만, 일반 실과 1줄씩 교대로
사용하기만 해도 날실을 벌리기 쉬워진다. 축융 과정(45쪽 참조)을 마친 뒤에 올 사이로 들어간 털을
잘 빗어서 세우면 폭신폭신하게 마무리된다.

DATA

사용하는 실

날실 ● 중세 모사 보라색 50m
　　　● 병태 모헤어사 보라색 50m
씨실 ● 병태 모헤어사 보라색 80m
위빙 길이 160cm
날실 길이 210cm
너비와 날실 수 15cm, 45줄
씨실 밀도와 리드 3단/cm, 30줄짜리

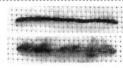

중세 모사 보라색

병태 모헤어사 보라색

(PROCESS)

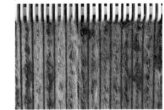

(모헤어사 1줄+모사 1줄)×22+모헤어사 1줄

① 날실은 30줄짜리 리드에
모헤어사와 중세 모사를 교
대로 건다.

② 평직이므로 모헤어사 또는
중세 모사만 벌어진다.

③ 다 짜서 끝마무리를 마친
뒤에 솔로 빗어 꼼꼼하게
털을 세운다.

④ 왼쪽은 다 짠 상태, 오른쪽은 솔로 빗어서 털을 세운 상태이다.

02
퍼 × 평직

퍼 타입 특수사를 날실로 사용하여 평직으로 짜면 퍼의 특징인 긴 털이 천의 올 사이에 묻혀 버린다.
털을 올 사이에서 빼내는 작업은 뜨개바늘 등 끝이 가는 막대기를 이용하여 단마다 해 준다.
이때 털을 빼내기 쉽도록 퍼 타입 특수사 옆에는 날실 2줄만큼 비워서 틈을 두는 것이 포인트이다.

DATA

사용하는 실

Ⓐ날실 ● 스팽글 달린 모헤어사 갈색 85m
　　　● 퍼 타입 특수사 갈색 15m
　씨실 ● 스팽글 달린 모헤어사 갈색 70m
Ⓑ날실 ● 스팽글 달린 모헤어사 은색 50m
　　　● 퍼 타입 특수사 금색 25m
　씨실 ● 스팽글 달린 모헤어사 은색 70m

위빙 길이 140㎝
날실 길이 190㎝
너비와 날실 수 Ⓐ16㎝, 50줄 Ⓑ16㎝, 30줄
씨실 밀도와 리드 ⒶⒷ 모두 3단/㎝, 40줄짜리

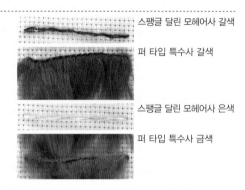

스팽글 달린 모헤어사 갈색

퍼 타입 특수사 갈색

스팽글 달린 모헤어사 은색

퍼 타입 특수사 금색

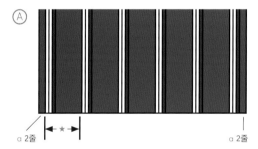

Ⓐ

a 2줄　　　　★　　　　　　　　　　a 2줄

날실 　a＝모헤어사 갈색, b＝퍼 타입 특수사 갈색
★＝빈 줄 2줄＋b 1줄＋a 8줄
전체＝a 2줄＋(★×5)＋빈 줄 2줄＋b 1줄＋a 2줄
씨실 　a로 평직

Ⓑ

날실 　a＝모헤어사 은색, b＝퍼 타입 특수사 금색
a 2줄＋(빈 줄 2줄＋b 1줄＋a 2줄)×12
씨실 　a로 평직

POINT > 짜는 도중에 털을 빼낸 뒤에 감
으면 좋다.

라메 넵 × 평직

Ⓐ

Ⓑ

가는 라메사에 군데군데 잔털이 넵(섬유 뭉치나 마디−옮긴이) 상태로 달려 있는 실이 종종
눈에 띈다. 실 자체에 개성이 있을 때는 단순하게 일반 실과 조합하여 평직으로 짜도 좋다.
검은색 디자인 숄에는 악센트로 감아매기 매듭을 넣어 주었다.

DATA

사용하는 실

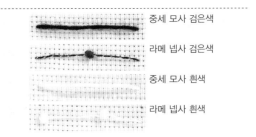

중세 모사 검은색

라메 넵사 검은색

중세 모사 흰색

라메 넵사 흰색

Ⓐ날실 • 중세 모사 검은색 305m
씨실 • 중세 모사 검은색 190m
• 라메 넵사 검은색 60m
Ⓑ날실 • 중세 모사 흰색 305m
씨실 • 중세 모사 흰색 190m
• 라메 넵사 흰색 60m

위빙 길이 160㎝
날실 길이 210㎝
너비와 날실 수 36㎝, 144줄
씨실 밀도와 리드 ⒶⒷ 모두 4단/㎝, 40줄짜리

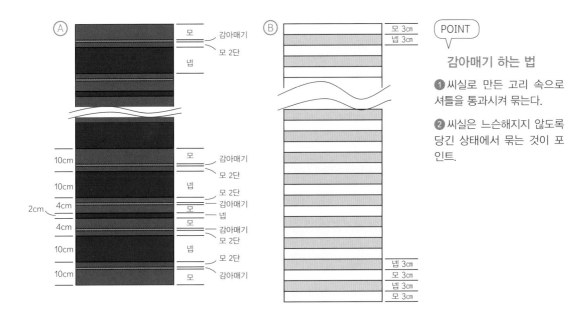

POINT

감아매기 하는 법

❶ 씨실로 만든 고리 속으로 셔틀을 통과시켜 묶는다.

❷ 씨실은 느슨해지지 않도록 당긴 상태에서 묶는 것이 포인트.

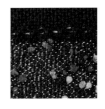

04 ★
방울 넵
× 평직

A

B

큼직한 방울 모양 넵이 달린 특수사는 날실로는 쓸 수 없지만, 씨실이나 술을 증모할 때 사용하면
귀여운 머플러가 된다. 기본적으로는 중세 모사로 짠 평직이다. 특수사는 직물 너비+α 길이로 잘라서
평직 바탕실과 같은 단에 끼워 넣고, 방울 부분은 천에서 씨실 11줄 분만큼 떠 있는 상태가 된다.
가장자리에서 나온 방울은 실끼리 묶고, 남은 방울도 술 끝에 묶어서 달아 준다.

DATA

사용하는 실

(A)날실
* 중세 모사 빨간색 120m
* 중세 모사 갈색 60m

　씨실
* 중세 모사 빨간색, 갈색 70m씩
* 방울 넵사 빨간색 3m

(B)날실
* 중세 모사 회색 120m
* 중세 모사 검은색 60m

　씨실
* 죽세 모사 회색　검은색 70m씩
* 방울 넵사 검은색 3mm

위빙 길이 150㎝
날실 길이 200㎝
너비와 날실 수 21㎝, 86줄
씨실 밀도와 리드 (A)(B) 모두 4단/㎝, 40줄짜리

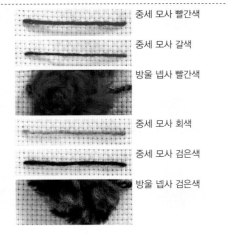

중세 모사 빨간색

중세 모사 갈색

방울 넵사 빨간색

중세 모사 회색

중세 모사 검은색

방울 넵사 검은색

(A)

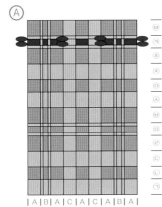

|A|B|A|C|A|C|A|B|A|

날실 a＝중세 빨간색, b＝중세 갈색
A＝a 10줄, B＝b 2줄+a 4줄+b 2줄, C
＝b 10줄

씨실 a＝중세 빨간색, b＝중세 갈색,
c＝특수사
㉠b 10단 ㉡a 8단 ㉢b 10단 ㉣a 10단 ㉤
b 2단+a 4단+b 2단 ㉥a 10단 ㉦b 10
단 ㉧a 8단 ㉨b 10단 ㉩a 10단 ㉪b 1단
+b와 c 끼워 짜기 1단+a 2단+b와 c 끼
워 짜기 1단+b 1단
㉠~㉪ 뒤에 ㉤~㉪을 반복한다. 마지막은
㉨에서 ㉠을 향해 짠다.

POINT

특수사는 평직과 같은 단에서
끼워 짜기를 하고 방울 부분은
건너뛴다.

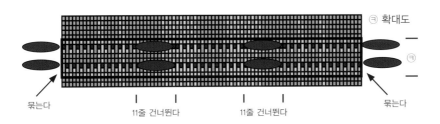

㉠ 확대도

㉠

묶는다　　　11줄 건너뛴다　　　11줄 건너뛴다　　　묶는다

05
실크 × 찢어 짜기

유행이 지난 실크 옷을 테이프 모양으로 잘라서 섞어 짰다. 찢어 짜기라고 하면
꾹꾹 눌러서 짠다는 이미지가 있지만, 무늬가 보이도록 끼우고 실로 눌러 주는 정도로만
리드를 움직이면 가볍게 마무리된다. 가로세로 바탕 실은 부드러운 중세 면사를 사용했다.
단순한 느낌의 천이라서 술에 비즈를 끼우고 마크라메 매듭으로 장식했다.

DATA

사용하는 실

날실 ● 중세 면사 베이지색 120m

씨실 ● 중세 면사 베이지색 80m
● 실크 천 분홍색 5m

위빙 길이 130㎝

날실 길이 180㎝

너비와 날실 수 16㎝, 64줄(양 가장자리는 2겹)

씨실 밀도와 리드 실 4단/㎝, 천 2단/㎝, 40줄짜리

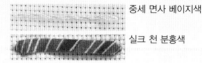

중세 면사 베이지색

실크 천 분홍색

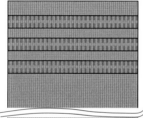
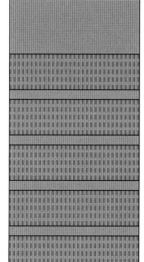

평직 10단
☆
평직 7단
☆
평직 7단
☆

평직 85㎝

(천 1단+실 1단)×4+천 1단
평직 7단
(천 1단+실 1단)×4+천 1단
평직 7단
(천 1단+실 1단)×4+천 1단
평직 7단
(천 1단+실 1단)×4+천 1단
평직 7단
(천 1단+실 1단)×4+천 1단
평직 7단

☆＝천 1단＋실 1단＋천 1단

2겹 1줄 ＋ 60줄 ＋ 2겹 1줄
＝62홈 64줄

06
민무늬와
하운드투스 체크 콤비

(A)
되돌아 짜기
하운드투스 체크

(B)
더블 되돌아 짜기
하운드투스 체크

두 가지 색깔 실을 사용한 하운드투스 체크에 민무늬 부분도 넣어서 전체적으로 세로줄무늬가 나오도록
디자인했다. 4단 또는 2단에 한 번, 날실을 한 번 벌렸을 때 두 가지 색깔 실을 넣고 다음 단에서
되돌아 짜기*를 하면 세로줄무늬가 생긴다. 되돌아 짜기를 할 때 두 가지 색깔 실을 얽으면 가장자리
부분에도 하운드투스 체크의 뾰족한 부분이 나타난다.

DATA

사용하는 실

Ⓐ날실 · 병태 모사 남색 100m
· 병태 모사 밝은 회색 40m

씨실 · 병태 모사 남색 75m
· 병태 모사 밝은 회색 25m

Ⓑ날실 · 병태 모사 연분홍색, 진보라색 50m씩

씨실 · 병태 모사 연분홍색, 진보라색 35m씩

위빙 길이 130cm

날실 길이 180cm

너비와 날실 수 Ⓐ23cm, 70줄 Ⓑ17cm, 52줄

씨실 밀도와 리드 3단/cm, 30줄짜리

병태 모사 남색

병태 모사 밝은 회색

병태 모사 연분홍색

병태 모사 진보라색

Ⓐ

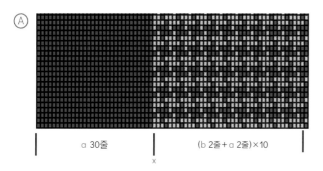

| a 30줄 | (b 2줄＋a 2줄)×10 |

x

날실 a＝남색, b＝밝은 회색
씨실 a＝남색, b＝밝은 회색
4단 1무늬. 첫째, 둘째 단은 날실 a에서 평직.
셋째, 넷째 단은 x 지점에서 날실 ab 되돌아 짜기

Ⓑ

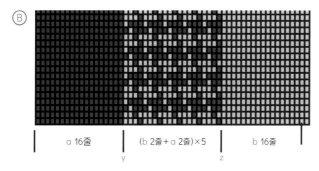

| a 16줄 | (b 2줄＋a 2줄)×5 | b 16줄 |

y　　　　　z

날실 a＝진보라색, b＝연분홍색
씨실 a＝진보라색, b＝연분홍색
4단 1무늬. 첫째, 둘째 단은 y 지점에서 날실 ab
되돌아 짜기. 셋째, 넷째 단은 z 지점에서 날실 ab
되돌아 짜기

＊되돌아 짜기 : 각각의 컬러가 감긴 셔틀이 양쪽 끝에서 들어온다. 컬러가 바뀌는 지점에서 셔틀을 뺀다. 헤들을 다음 순서로 바꾼 뒤,
셔틀을 뺀 지점에서 다시 셔틀들을 넣는다. 이때 실을 서로 얽어 준다(38쪽 참조). 셔틀을 각각 시작 지점으로 되돌려 위빙한다.

07
3색 하운드투스 체크

08 ★
4색 하운드투스 체크

하운드투스 체크라고 하면 대부분 두 가지 색으로 조합하지만, 세 가지나 네 가지 색을 사용하여 무늬를
만들 수도 있다. 3색 하운드투스 체크는 흑갈색을 기준으로 삼고 분홍색과 황록색을 조합했다. 짙은 흑갈색에
비해 분홍색과 황록색은 비슷한 중간색을 고르는 것이 디자인의 포인트이다. 4색 하운드투스 체크는 충돌하지
않는 색 조합으로, 흰색에서부터 검은색까지 농담을 주어 하운드투스 체크를 표현했다.

DATA
- -

07 3색 하운드투스 체크

사용하는 실

날실	● 병태 모사 분홍색, 황록색 35m씩
	● 병태 모사 흑갈색 65m
씨실	● 병태 모사 분홍색, 황록색 30m씩
	● 병태 모사 흑갈색 70m

위빙 길이 130㎝
날실 길이 180㎝
너비와 날실 수 28㎝, 85줄
씨실 밀도와 리드 3단/㎝, 30줄짜리

병태 모사 분홍색

병태 모사 황록색

병태 모사 흑갈색

08 4색 하운드투스 체크

사용하는 실

| 날실 | ● 병태 모사 흰색, 연회색, 진회색, 검은색 45m씩 |
| 씨실 | ● 병태 모사 흰색, 연회색, 진회색, 검은색 40m씩 |

위빙 길이 160㎝
날실 길이 210㎝
너비와 날실 수 27㎝, 80줄
씨실 밀도와 리드 3단/㎝, 30줄짜리

병태 모사 흰색

병태 모사 연회색

병태 모사 진회색

병태 모사 검은색

날실 a = 흑갈색,
b = 분홍색, c = 황록
색
씨실 a = 흑갈색,
b = 분홍색, c = 황록
색
㉠ (a 2단 + b 2단)
× 7, ㉡ a 2단, ㉢ (a
2단 + c 2단) × 7
㉠㉡㉢을 반복힌다.

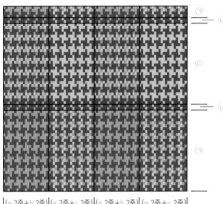

| (a 2줄+b 2줄)
×5+a 1줄 | (a 2줄+c 2줄)
×5+a 1줄 | (a 2줄+b 2줄)
×5+a 1줄 | (a 2줄+c 2줄)
×5+a 2줄 |

날실 a = 검은색,
b = 흰색, c = 진회
색, d = 연회색
씨실 a = 검은색,
b = 흰색, c = 진회
색, d = 연회색
㉠ (a 2단 + b 2단)
× 10, ㉡ (c 2단 + d
2단) × 10
㉠㉡㉠㉡을 반복한
다.

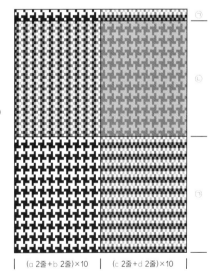

| (a 2줄+b 2줄)×10 | (c 2줄+d 2줄)×10 |

09
타탄체크 1

62

E

F

10
타탄체크 2

G

H

타탄체크는 예로부터 많은 이에게 사랑받은 전통적인
체크무늬이다. 영국에는 각 가계를 상징하는 타탄체크가 있고
그 무늬도 등록제로 되어 있다. 여기에서는 일반 중세 모사와
50줄짜리 리드를 사용하며 창작 디자인 두 종류에 배색
네 종류를 조합하여 여덟 가지 패턴의 타탄체크를 다뤘다.
같은 체크무늬라도 색 조합에 따라서 분위기가
완전히 달라진다.

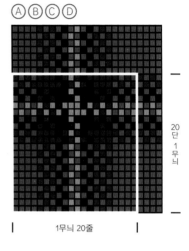

Ⓐ Ⓑ Ⓒ Ⓓ

20단 1무늬

1무늬 20줄

DATA

사용하는 실

Ⓐ날실 • a 중세 모사 적갈색 • b 진보라색 • c 흑갈색
　　　 • d 분홍색

　 씨실 • a 중세 모사 적갈색 • b 진보라색 • c 흑갈색
　　　 • d 분홍색

Ⓑ날실 • a 중세 모사 밝은 황갈색 • b 황록색
　　　 • c 어두운 초록색 • d 연녹색

　 씨실 • a 중세 모사 밝은 황갈색 • b 황록색
　　　 • c 어두운 초록색 • d 연녹색

Ⓒ날실 • a 중세 모사 연회색 • b 흑갈색
　　　 • c 검은색 • d 밝은 회색

　 씨실 • a 중세 모사 연회색 • b 흑갈색
　　　 • c 검은색 • d 밝은 회색

Ⓓ날실 • a 중세 모사 보라색 • b 흑갈색 • c 분홍색 • d 남색

　 씨실 • a 중세 모사 보라색 • b 흑갈색 • c 분홍색 • d 남색

A~D 공통

　 날실 a 80m, b 60m, c 40m, d 20m
　 씨실 a 50m, b 40m, c 25m, d 15m

위빙 길이 140㎝

날실 길이 190㎝

너비와 날실 수 20㎝, 100줄

씨실 밀도와 리드 4단/㎝, 50줄짜리

중세 모사 분홍색

중세 모사 적갈색

중세 모사 진보라색

중세 모사 흑갈색

중세 모사 밝은 황갈색

중세 모사 연녹색

중세 모사 황록색

중세 모사 어두운 초록색

중세 모사 밝은 회색

중세 모사 연회색

중세 모사 검은색

중세 모사 보라색

중세 모사 남색

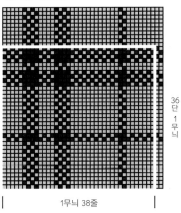

36
단
1
무늬

1무늬 38줄

Ⓐ~Ⓓ 공통
날실 (a 4줄+b 3줄+c 2줄+d 2줄+c 2줄+b 3줄+a 4줄)×5
씨실 날실과 같음(줄 수를 단 수로 바꾼다)
Ⓐ a=적갈색, b=진보라색, c=흑갈색, d=분홍색
Ⓑ a=밝은 황갈색, b=황록색, c=어두운 초록색, d=연녹색
Ⓒ a=연회색, b=흑갈색, c=검은색, d=밝은 회색
Ⓓ a=보라색, b=흑갈색, c=분홍색, d=남색

Ⓔ~Ⓗ 공통
날실 (a 5줄+b 2줄+c 2줄+d 4줄+c 2줄+b 2줄+a 10줄+d 2줄+b
2줄+d 2줄+a 5줄)×2+a 5줄+b 2줄+c 2줄+d 4줄+c 2줄+b 2줄
+a 5줄
씨실 (a 5단+b 2난+c 2단+d 2딘+c 2단+b 2단 l a 10단+d 2단+b
2단+d 2단+a 5단)을 반복한다.
Ⓔ a=남색, b=회색 c=어두운 초록색, d=청록색
Ⓕ a=연갈색, b=흑갈색, c=검은색, d=파란색
Ⓖ a=연보라색, b=흰색, c=연회색, d=진보라색
Ⓗ a=빨간색, b=회색 c=검은색, d=초록색

DATA

사용하는 실
Ⓔ날실 • a 중세 모사 남색 • b 회색 • c 어두운 초록색
　　　　 • d 청록색
　씨실 • a 중세 모사 남색 • b 회색 • c 어두운 초록색
　　　　 • d 청록색
Ⓕ날실 • a 중세 모사 연갈색 • b 흑갈색
　　　　 • c 검은색 • d 파란색
　씨실 • a 중세 모사 연갈색 • b 흑갈색
　　　　 • c 검은색 • d 파란색
Ⓖ날실 • a 중세 모사 연보라색 • b 흰색
　　　　 • c 연회색 • d 진보라색
　씨실 • a 중세 모사 연보라색 • b 흰색
　　　　 • c 연회색 • d 진보라색
Ⓗ날실 • a 중세 모사 빨간색 • b 회색 • c 검은색 • d 초록색
　씨실 • a 중세 모사 빨간색 • b 회색 • c 검은색 • d 초록색
E~H 공통
　날실 a 100m, b 30m, c 20m, d 40m
　씨실 a 70m, b 20m, c 15m, d 30m
위빙 길이 140㎝
날실 길이 190㎝
너비와 날실 수 20㎝, 100줄
씨실 밀도와 리드 4단/㎝, 50줄짜리

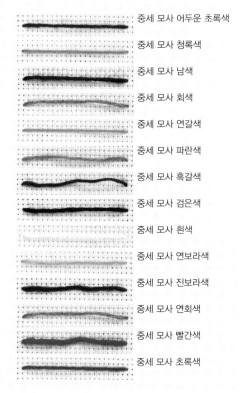

중세 모사 어두운 초록색
중세 모사 청록색
중세 모사 남색
중세 모사 회색
중세 모사 연갈색
중세 모사 파란색
중세 모사 흑갈색
중세 모사 검은색
중세 모사 흰색
중세 모사 연보라색
중세 모사 진보라색
중세 모사 연회색
중세 모사 빨간색
중세 모사 초록색

11
그러데이션

단계적으로 색이 변하는 그러데이션 컬러 머플러를 짤 때, 대부분은 동색 계열에서 진한 색과 연한 색 실을
사용하지만, 전혀 다른 두 색으로도 날실 비율을 다르게 하여 그러데이션 효과를 낼 수 있다. A, B 두 색깔
실을 가지고 A로만 짜는 부분, A와 B를 1줄(1단)마다 바꿔 짜는 부분, B로만 짜는 부분을 반복한다.
가지고 있는 실로 지금 바로 시도할 수 있는 작품이다.

DATA

사용하는 실

Ⓐ날실 ◦ 병태 모사 연분홍색 20m, 보라색 30m
씨실 ◦ 병태 모사 연분홍색, 보라색 40m씩
Ⓑ날실 ◦ 병태 모사 연분홍색 20m, 진분홍색 30m
씨실 ◦ 병태 모사 연분홍색, 진분홍색 40m씩
위빙 길이 140㎝
날실 길이 190㎝
너비와 날실 수 17㎝, 50줄
씨실 밀도와 리드 3단/㎝, 30줄짜리

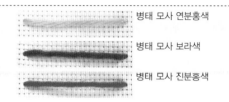

병태 모사 연분홍색
병태 모사 보라색
병태 모사 진분홍색

Ⓐ

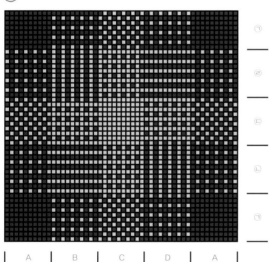

ⓐ
ⓔ
ⓒ
ⓒ
ⓐ

| A | B | C | D | A |

날실 a＝보라색, b＝연분홍색
A＝a 10줄, B＝ab 교대로 10줄, C＝b 10줄, D
＝ba 교대로 10줄
씨실 a＝보라색, b＝연분홍색
㉠a 10단, ㉡ba 교대로 10단, ㉢b 10단, ㉣ba
교대로 10단
㉠㉡㉢㉣을 반복한다.

두 가지 색실을 배색하여
무늬를 짠다

어떤 작품을 짜려고 실을 고를 때, 흔히 그러데이션사나 팬시사 같은 특수사를 고르는 경향이 있다.

물론 그것대로 재미있는 작품을 만들 수 있겠지만, 위빙 실력을 한 단계 높이고 싶다면 두 가지 색의 일반 실로 다양한 무늬를 만들어 보자.

33쪽에서 과정을 설명한 머플러도 날실이 AABB 2줄씩으로 된 줄무늬이고 씨실도 AABB 2단씩 짜서 선명한 하운드투스 체크를 만들었다.

아래 사진의 숄은 날실을 5㎝씩 나누어, A만 있는 블록, B만 있는 블록, ABAB 블록, AABB 블록, AABAAB 블록, BBABBA 블록 등 몇 가지 다른 줄무늬를 만들고, 씨실도 5㎝씩 배색을 바꿔서 짰다.

한 번에 다양한 무늬 샘플을 손에 넣을 수 있고, 리드로 씨실을 누르는 힘을 조절하는 공부도 되며, 큼직한 숄을 한 장 짤 수 있어 여러 모로 성취감이 큰 작품이다.

무늬가 이어지도록 직각으로 짜는
하운드투스 체크 머플러

사각거리는 실크사로 긴 직사각형 숄을 짜면 어깨에 잘 걸쳐져 있지 않고 미끄러지기 일쑤이다. 사실 직선 그대로인 천으로 만든 옷은 곡선인 사람 몸에 잘 맞지 않는다. 그렇다면 이런 아이디어는 어떨까? 작은 팁 중 하나가 천을 잇는 것이다. 꿰매어 잇는 것이 아니라 처음부터 이어서 짜는 방법이다. 천의 모양이 바뀌면 그것 하나로도 사용하기 편하게 만들 수 있다.

DATA
사용하는 실
날실, 씨실 모두 병태 트위드 계열과 남색·하늘색(모 100%)을 날실 90m씩, 씨실 30m씩

위빙 크기 16㎝ 너비×160㎝
날실 길이 300㎝
너비와 날실 수 20㎝, 60줄
씨실 밀도와 리드 3단/㎝, 30줄 짜리

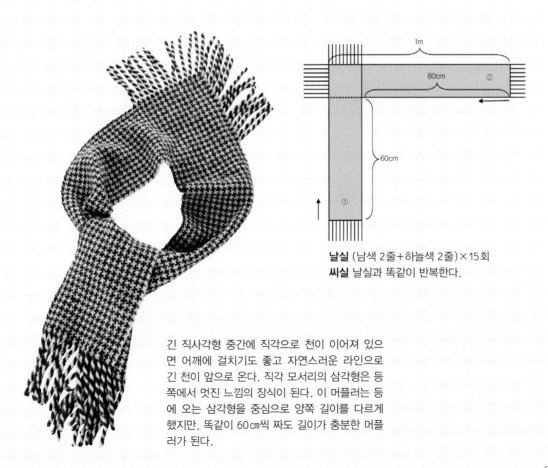

날실 (남색 2줄+하늘색 2줄)×15회
씨실 날실과 똑같이 반복한다.

긴 직사각형 중간에 직각으로 천이 이어져 있으면 어깨에 걸치기도 좋고 자연스러운 라인으로 긴 천이 앞으로 온다. 직각 모서리의 삼각형은 등쪽에서 멋진 느낌의 장식이 된다. 이 머플러는 등에 오는 삼각형을 중심으로 양쪽 길이를 다르게 했지만, 똑같이 60㎝씩 짜도 길이가 충분한 머플러가 된다.

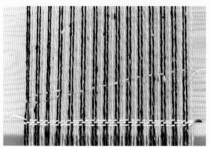

① 날실을 걸고 풀림 방지용 단을 짠 뒤에 남색 2단·하늘색 2단을 반복하여 짠다. 남색부터 짜기 시작하는 것이 포인트.

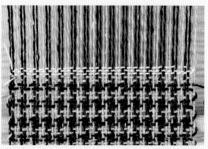

② 60㎝의 마지막은 하늘색 2단이 되도록 짜는 것이 포인트이다. 풀림 방지용 단을 3단 짠다.

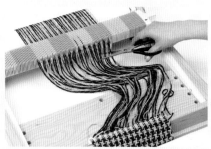

③ 술 부분 날실은 50㎝ 남긴 상태에서 날실을 자르고 위빙룸에서 천을 떼어 낸다.

④ 날실은 한 번 되감고, 길이 1m 면사를 오른쪽에 1줄 추가한 뒤에 다시 감는다.

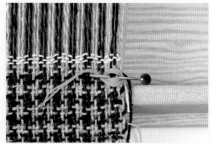

⑤ 면사는 뺀 상태에서 남색·하늘색 순으로 80㎝ 짠다. 빼 둔 면사를 천에 고정한다.

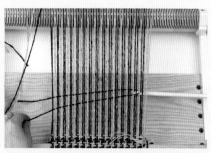

⑥ ②에서 짠 천을 위빙룸 왼쪽에 놓고, ③에서 남겨 둔 날실 50㎝를 씨실로 삼아서 짠다.

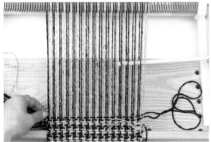

⑦ 남색 쪽에서부터 시작하면 그대로 하운 드투스 체크가 된다. 씨실로 쓰는 날실 순서를 틀리지 않도록 주의한다.

⑧ 이음새 부분을 일정한 힘으로 당기도록 주의하며 짠다. 추가한 면사는 풀림 방 지용 단 역할을 한다.

⑨ 다 짜면 위빙룸에서 떼어 내어 술을 처리 한다.

▲ 40㎝ 너비로 직각으로 짜면 숄 크기가 넉 넉하여 허리까지 감싸 준다.

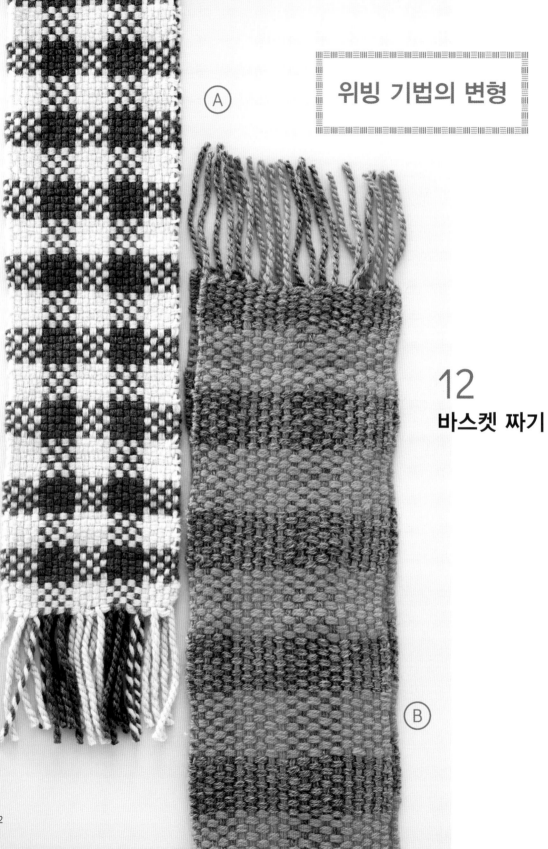

Ⓐ

12
바스켓 짜기

Ⓑ

위빙의 기본인 평직은 날실과 씨실이 1줄씩 교차하지만, 바스켓 짜기는 그것을 확대한 조직을 짜는 기법이다.
여기에서는 2줄 2단 바스켓 짜기로 머플러를 짠다. 중세 모사로 짠 바스켓 짜기가 4단 4줄로 보이는 것은
실을 2겹으로 사용했기 때문이다.

DATA

사용하는 실
Ⓐ날실 • 중세 모사 연초록색 110m, 초록색 80m
씨실 • 중세 모사 연초록색, 초록색 60m씩
Ⓑ날실 • 중세 모사 주황색, 진회색 60m씩
씨실 • 중세 모사 주황색, 진회색 45m씩
위빙 길이 130㎝
날실 길이 180㎝
너비와 날실 수 Ⓐ15㎝, 100줄(2겹 50줄) Ⓑ20㎝, 40줄
씨실 밀도와 리드 Ⓐ5단/㎝, 33줄짜리(50줄짜리) Ⓑ4단/㎝,
20줄짜리(30줄짜리)

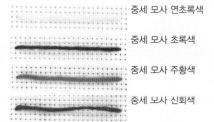

중세 모사 연초록색
중세 모사 초록색
중세 모사 주황색
중세 모사 신회색

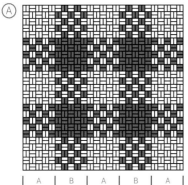

| A | B | A | B | A |

날실
a=연초록색, b=초록색
A=a 10줄(2겹 5줄)
B=b 10줄(2겹 5줄)
씨실
a=연초록색, b=초록색
한 번 날실을 벌렸을 때 2겹
으로 2단씩 짠다.

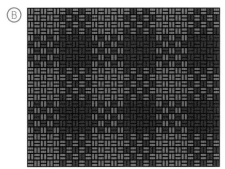

| a 10줄 | b 10줄 | a 10줄 | b 10줄 | a 10줄 | b 10줄 |

날실
a=주황색, b=진회색
한 번 날실을 벌렸을 때 2
줄씩 실을 건다.
씨실
a=주황색, b=진회색
한 번 날실을 벌렸을 때 2
단씩 짠다.

PROCESS

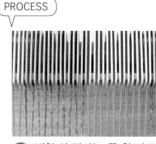

❶ 변형 실 걸기(45쪽 참조)로
날실을 건다.

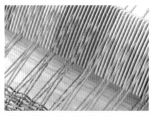

❷ 변형 실 걸기를 하면 날실
은 2줄씩 벌어진다.

13 ★
변형 바스켓 짜기

병태 모사와 중세 모사를 조합한 변형 바스켓 짜기 머플러이다. 병태 모사 부분은 바스켓 짜기 조직이지만, 그
사이에 중세 모사를 평직으로 짜 넣었다. 실 굵기와 밀도 차이로 무늬가 봉긋하게 만들어진다. 바스켓 짜기처럼
한 번 날실을 벌려서 씨실을 2단 넣을 때는 씨실이 빠지지 않도록 마지막 날실에 걸면서 짜는 것이 포인트이다.

DATA

사용하는 실

날실	• 중세 모사 흰색 30m
	• 병태 모사 흰색 65m
씨실	• 중세 모사 흰색 20m
	• 병태 모사 흰색 45m

위빙 길이 130㎝
날실 길이 180㎝
너비와 날실 수 18㎝, 51줄
씨실 밀도와 리드 4단/㎝, 40줄짜리

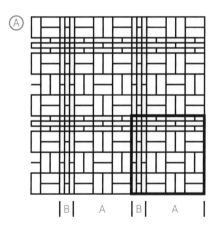

중세 모사 흰색

병태 모사 흰색

날실 a＝병태 흰색, b＝중세 흰색
A＝a 6줄 변형 실 걸기
B＝b 3줄
(A＋B)×5＋A
씨실 a＝병태, b＝중세
a 6단(한 번 날실을 벌렸을 때 2단×3)＋
b 3단을 반복한다.

|B| A |B| A |

14 ★

4줄 4단
바스켓 짜기

일반 방법으로 날실을 걸고, 가운데 줄무늬 부분만 4줄 4단 바스켓 짜기로 짰다.

양옆 평직 부분이 적으면 천 가장자리가 힘을 못 받으므로, 4줄 4단 바스켓 짜기는 전면에 다 하든가

가운데에 부분적으로 넣는 것이 포인트이다.

DATA

사용하는 실

날실 ● 병태 모사 빨간색 30m, 진홍색 80m

씨실 ● 병태 모사 진홍색 90m

위빙 길이 130㎝

날실 길이 180㎝

니비와 날실 수 20㎝, 58줄

씨실 밀도와 리드 3단/㎝, 30줄짜리

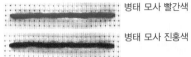

병태 모사 빨간색

병태 모사 진홍색

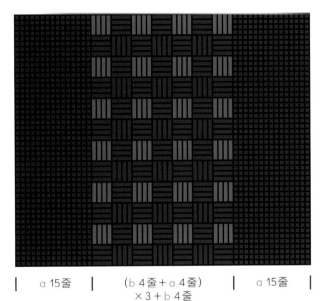

닐실　a = 진홍색, b – 뻴긴색

씨실　a = 진홍색, b = 빨간색

b 4줄씩 주워서 4단씩 교대로 짠다.

| a 15줄 | (b 4줄 + a 4줄) × 3 + b 4줄 | a 15줄 |

15
로그캐빈 짜기

로그캐빈 짜기란 a와 b, 두 가지 색 날실을 a · b · a · b 순으로 걸었다가 도중에 b · a · b · a로
순서를 거꾸로 하고, 씨실도 같은 식으로 도중에 ab 두 색의 순서를 바꿔서 가로세로 줄무늬를 만드는
위빙 기법이다. 반복하는 줄 수와 단 수를 바꾸면 크기가 다른 블록이 생긴다. 블록을 더 선명하게 나타내기
위해, 흑갈색으로 시작하고 흑갈색으로 끝내는 홀수 줄무늬와 홀수 단수로 짰다.

DATA

사용하는 실

날실 ● 병태 모사 흑갈색 70m, 황록색 60m
씨실 ● 병태 모사 흑갈색 60m, 황록색 50m

위빙 길이 150㎝

날실 길이 200㎝

너비와 날실 수 21㎝, 63줄

씨실 밀도와 리드 3단/㎝, 30줄짜리

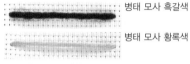

병태 모사 흑갈색

병태 모사 황록색

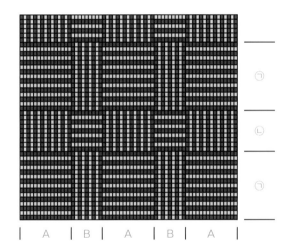

㉠

㉡

㉠

| A | B | A | B | A |

날실 a＝흑갈색, b＝황록색
A＝(a 1줄＋b 1줄)×7＋a 1줄
B＝(a 1줄＋b 1줄)×4＋a 1줄
씨실 a＝흑갈색, b＝황록색
㉠(a 1단＋b 1단)×7＋a 1단
㉡(a 1단＋b 1단)×4＋a 1단
㉠㉡㉠㉡을 반복한다.

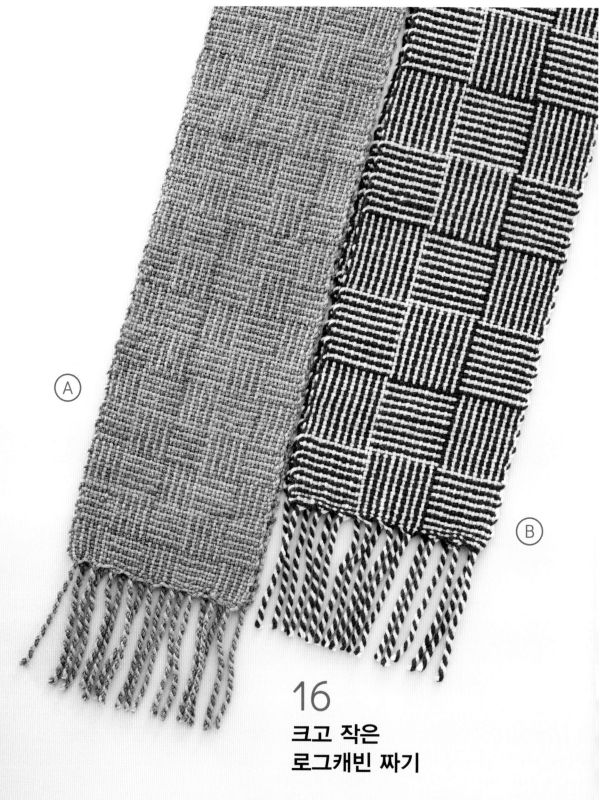

16
크고 작은
로그캐빈 짜기

하운드투스 체크에 이어 인기 있는 로그캐빈 무늬는 바스켓 체크라고도 한다.
두 가지 색을 조합하여 통나무를 겹쳐 쌓은 듯한 무늬를 표현한다. 하운드투스 체크와 마찬가지로
두 가지 색은 가로세로 선이 눈에 잘 띄도록 차이 나는 색으로 조합한다.

DATA

사용하는 실

Ⓐ날실 · 병태 모사 분홍색, 진회색 45m씩
씨실 · 병태 모사 분홍색, 진회색 40m씩
Ⓑ날실 · 병태 모사 남색, 연회색 50m씩
씨실 · 병태 모사 남색, 연회색 40m씩

위빙 길이 130㎝
날실 길이 180㎝
너비와 날실 수 Ⓐ17㎝, 50줄 Ⓑ18㎝, 54줄
씨실 밀도와 리드 3단/㎝, 30줄짜리

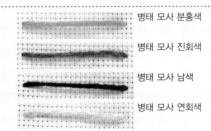

병태 모사 분홍색
병태 모사 진회색
병태 모사 남색
병태 모사 연회색

| A | B | A | B | A |

날실 a = 진회색, b = 분홍색
A = (a 1줄 + b 1줄) × 5
B = (b 1줄 + a 1줄) × 5
씨실 a = 진회색, b = 분홍색
㉠(a 1단 + b 1단) × 5、
㉡(b 1단 + a 1단) × 5
㉠㉡㉠㉡을 반복한다.

날실 a = 남색, b = 연회색
씨실 a = 남색, b = 연회색
㉠(a 1단 + b 1단) × 9、
㉡(b 1단 + a 1단) × 9
㉠㉡㉠㉡을 반복한다.

| (a 1줄+ b 1줄) | (a 1줄+ b 1줄) | (a 1줄+ b 1줄) |

PROCESS

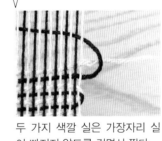

두 가지 색깔 실은 가장자리 실이 빠지지 않도록 걸면서 짠다.

17 ★
세로줄무늬
로그캐빈 짜기

로그캐빈 짜기도 한 부분을 민무늬로 할 수 있다. 단, 씨실 2단이 한 쌍인 하운드투스 체크와 달리,
로그캐빈 짜기는 1단마다 색을 바꿔서 짜기 때문에 로그캐빈 부분과 민무늬 부분에서 씨실 밀도가 달라진다.
기준점이 되는 민무늬와 로그캐빈의 경계에서 셔틀을 꺼내고 날실을 바꿔서 벌리는 등 셔틀 2개가
교대로 뒤쫓듯이 움직인다.

DATA

사용하는 실

날실 ● 병태 모사 흰색 50m, 검은색 105m
씨실 ● 병태 모사 흰색 45m, 검은색 90m

위빙 길이 150cm
날실 길이 200cm
너비와 날실 수 25cm, 75줄
씨실 밀도와 리드 3단/cm, 30줄짜리

병태 모사 흰색
병태 모사 검은색

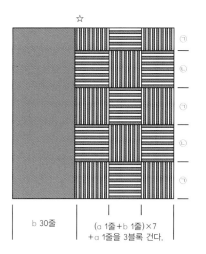

☆

b 30줄

(a 1줄+b 1줄)×7
+a 1줄을 3블록 건다.

날실 a=흰색, b=검은색
씨실 a=흰색, b=검은색
㉠3패턴+b 1단
㉡3패턴+b 1단
㉠㉡㉠㉡을 반복한다.

PROCESS

❶ ※ 표시가 있는 줄의 검은색
실 움직임. 흰색과 검은색
실은 양 끝에서 넣어서 기준
점에서 1번 빠져나온다.

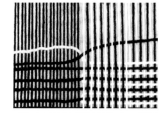

❷ 날실을 바꿔서 벌리고 흰색
실은 쉬게 둔다. 검은색 실
만 오른쪽 끝으로 간다.

확대도 ☆표시가 기준점이 된다.

㉠ ☆

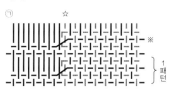

※

1패턴

㉡ ☆

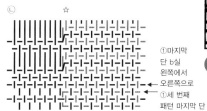

①마지막
단 b실
왼쪽에서
오른쪽으로

①세 번째
패턴 마지막 단

18 ★
픽업 패턴 짜기

민무늬 머플러에 원포인트 장식으로 픽업 패턴 짜기를 해 주었다. 술은 헴 스티치를 한 뒤에
코일링(43쪽 참조)으로 마무리했다. 이 픽업 패턴은 날실을 닫은 상태에서 주워서 짜기 시작한다.
픽업 패턴 짜기의 장식 실은 천 앞면에 나오지 않는 부분에서는 뒷면에서 실이 건너뛰므로, 머플러처럼
양면이 다 보이는 작품은 그 점을 고려하여 뒷면 실도 많이 달라지지 않는 디자인으로 하는 것이 좋다.

DATA

사용하는 실

Ⓐ날실 • 중세 모사 검은색 165m

씨실 • 중세 모사 검은색 100mm

픽업 패턴 실 • 병태 모사 진분홍 ·
주황 · 초록색 4m씩

Ⓑ날실 • 중세 모사 흰색 165m

씨실 • 중세 모사 흰색 100m

픽업 패턴 실 • 병태 모사 진분홍 ·
주황 · 초록색 4m씩

위빙 길이 140cm
날실 길이 190cm
너비와 날실 수 16cm, 81줄
씨실 밀도와 리드 4단/cm, 50줄짜리

중세 모사 검은색

병태 모사 진분홍색

병태 모사 주황색

병태 모사 초록색

중세 모사 흰색

Ⓐ Ⓑ

10cm

픽업 패턴 짜기 B
3cm
픽업 패턴 짜기 A

140cm

픽업 패턴 짜기 A
3cm
픽업 패턴 짜기 B
3cm
픽업 패턴 짜기 A
3cm
픽업 패턴 짜기 B

15cm

앞

뒤

픽업 패턴 짜기 부분

Ⓐ

Ⓑ

손으로 짜기

위빙룸이 없어도 손으로 짜기 기법을 이용하면 굵은 실로 쓱쓱 머플러를 짤 수 있다.
굵은 실이 없으면 남은 실 여러 가닥을 가지런히 합쳐서 가벼운 마음으로 도전해 보자.

DATA
재료   병태 모사 4~8겹×2색 10줄씩
날실 길이   200cm
위빙 크기   15cm 너비×150cm

① 실 몇 가닥을 가지런히 정리하여 꼬지 않은 상태로 합해서 실뭉치를 만든다.

② 실을 2m 길이로 자르고 실 다발 하나를 알아볼 수 있도록 끝을 묶는다.

③ 2색을 각각 10줄씩 합쳐서 가운데를 묶는다.

④ 빨간색 실 위에 갈색 실을 겹치고 그 위에 누름돌 역할을 하도록 물을 담은 페트병을 올린다.

⑤ 갈색 실 사이로 빨간색 실을 줍는다.

⑥ 갈색 실을 한 손으로 누르고 빨간색 실을 들어올린다. 이것이 손으로 짜기에서 리드로 씨실을 누르는 역할을 한다.

⑦ 그 틈새에 풀림 방지용으로 대바늘을 끼운다.

⑧ 이번에는 빨간색 실 사이로 갈색 실을 줍고 대바늘을 통과시킨다.

⑨ 대바늘 2개를 고무줄로 묶어 고정하고 여기에서부터 짜기 시작한다.

첫째 단 씨실

⑩ 언제나 가장 왼쪽 끝의 날실이 씨실이 된다.

⑪ 빨간색 실을 주운 틈새에 첫째 단 씨실을 조금 비스듬하게 넣는다.

둘째 단 씨실

⑫ 왼쪽 끝의 실이 둘째 단 씨실이 된다.

⑬ 갈색 실을 줍고 그 틈새에 둘째 단 씨실을 넣는다.

⑭ 오른쪽에 씨실이 2줄이 되면 첫째 단 씨실을 아래로 내려서 날실로 삼는다.

⑮ 한 단을 다 짜면 앞단의 씨실을 날실로 되돌리는 작업을 반복한다.

⑯ 누름돌로 쓰는 페트병 위치를 바꾸면 언제나 바로 앞에서 짤 수 있다.

17 그대로 실 끝까지 계속 짠다.

18 실 4줄을 한 쌍으로 해서 술을 처리한다.

19 실 1줄로 넥타이 매듭을 짓는다(42쪽 참조).

20 다시 실을 감아 주고 넥타이 매듭을 짓는다. 반을 다 짰으면 위아래를 거꾸로 놓는다.

21 대바늘을 빼고 끈을 풀면 나머지 반을 짤 수 있다.

22 술은 테이프 커팅용 자나 로터리 커터를 사용하면 고른 길이로 자를 수 있다(완성품은 다음 장에).

완성

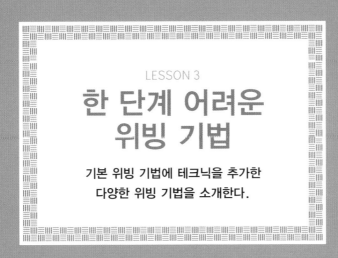

LESSON 3

한 단계 어려운
위빙 기법

기본 위빙 기법에 테크닉을 추가한
다양한 위빙 기법을 소개한다.

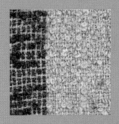

비침 짜기

비침 짜기는 레이스 같은 비침무늬로 보이는 바탕 무늬 전반을 가리킨다. 날실과 교차시키는 얽어 짜기, 또는 비틀어 짜기라고 부르는 기법 이외의 방법까지 포함하여, 여기에서는 모두 아홉 가지 타입의 비침 짜기를 소개한다. 위빙 초보자를 위해 각 머플러는 그 기법에 맞춘 세로줄무늬로 만들었다. 같은 날실 수의 줄무늬로 만들면 실 줍는 법을 이해하기 쉽다.

패턴 1

가장 기본적인 '사(沙)'라는 비침 짜기이다. 이웃한 날실 2줄을 얽어매는 비침 단과 그 얽어맨 부분을 고정하는 평직 1단, 이렇게 2단을 한 쌍으로 하여 반복하여 짠다.

앞

1 날실 2줄은 좌우 어느 쪽에 얽어매도 상관없지만, 앞 평직 단의 씨실 위를 건너간 날실이 아래에 오는 방향으로 얽고, 이때 주운 실의 틈새에 씨실을 넣는다.

2 비침 단 다음의 평직은 이전 평직과 반드시 같은 날실을 벌려서 씨실을 넣는다.

3 일정한 세기로 단단하게 리드로 씨실을 누른다.

94

패턴 2

'여(絽)'라고도 하는 기법이다. 날실은 8줄 한 쌍, 씨실은 비침 단 · 2
줄마다 줍기를 2번 반복하는 4단 한 쌍이다. 날실 8줄은 각각 2줄씩
얽지만, 두 쌍 4줄씩 얽어매는 방향을 바꾼다. 이렇게 짠 천에는 앞
뒤가 있고, 뒷면에는 씨실이 비스듬하게 나타난다.

앞  뒤

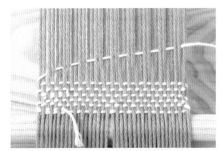

① 날실은 왼쪽에서부터 1, 2, 3, 4……라고
한다. 첫째 단은 씨실이 1, 2의 위, 3, 4
의 아래, 5, 6의 위, 7, 8의 아래로 가도
록 날실을 2줄마다 주워서 씨실을 넣는
다.

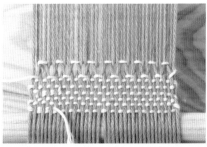

② 둘째 단. 1은 2의 아래, 4는 3의 아래를
통과시켜 줍는다. 6은 5의 아래, 7은 8
의 아래를 통과시켜 주워서 씨실을 넣는
다.

③ 셋째 단은 첫째 단과 같은 실을 2줄마다
줍는다.

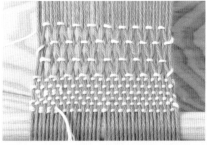

④ 넷째 단. 2는 1의 아래, 3은 4의 아래,
5는 6의 아래, 8은 7의 아래를 통과시
켜 줍는다. 이 4단을 반복한다.

패턴 3

'3줄 라(羅)' 또는 '그물 비틀어 짜기'라고 하는 기법이다. 앞서 소개한 패턴 1은 날실을 2줄씩 얽어매고, 라는 3줄 이상의 홀수 날실을 얽어맨다. 처음에는 날실 줍는 법이 조금 어렵지만 비침 단과 평직, 2단을 한 쌍으로 하여 반복한다.

 앞

① 날실을 왼쪽에서부터 1, 2, 3, 4, 5, 6, ……이라 한다. 짝수 날실이 씨실 위에 있는 평직의 다음 날실을 벌릴 때부터 시작한다. 줍는 실은 짝수 날실만이고 홀수 날실 아래를 통과시켜 줍는다.

② 처음에는 2, 4를 1, 3의 아래를 통과시켜 줍는다. 계속하여 6은 3, 5의 아래, 8은 5, 7의 아래, 10은 7, 9의 아래를 통과시켜 줍는 식으로 3줄 앞의 실 위에 짝수 실을 나오게 하여 씨실을 넣는다.

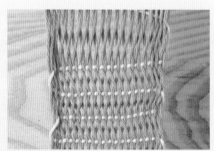

③ 얽어맨 것을 고정하는 평직은 매번 똑같은 날실을 벌려서 한다.

패턴 4

'5줄 라' 또는 '바구니 비틀어 짜기'라고 하는 기법이다. 패턴 5와 마찬가지로 날실 4줄을 한 쌍으로 하여 얽어매고, 위빙 기법은 4단을 한 쌍을 하여 반복한다. 그 4줄을 1, 2, 3, 4라고 했을 때, 패턴 5는 1, 2와 3, 4의 조합으로 얽어매지만, 패턴 4는 2, 4를 1, 3의 아래에서 주워서 얽어맨다. 고정용 평직 1단을 넣은 뒤에 셋째 단은 2줄 어긋난 위치에서 4줄한 쌍, 즉 4, 6을 3, 5의 아래에서 줍는다.

 앞

1 평직은 4줄 한 쌍 중에서 날실 1과 3이 씨실 위에 있는 상태에서 시작한다. 4줄씩 나눠서 오른쪽에서부터 2, 4를 1, 3의 아래에서 주워 씨실을 넣는다.

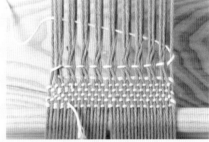

2 비틀어 짜기를 고정하는 평직 1단은 처음과 같은 날실을 벌려서 짠다.

3 가장자리는 2줄을 한 쌍으로 하여 얽어맨다. 3-4-5-6, 7-8-9-10, ……을 각각 한 쌍으로 하여, 4, 6을 3, 5의 아래에서 주워 씨실을 넣는다.

4 처음과 같은 날실을 벌려서 짜는 평직 1단이 합계 4단이 되면 무늬 1개가 완성된다. 얽어매는 4줄 한 쌍의 날실이 교대로 어긋나게 한다.

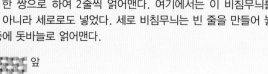

패턴 1에서는 날실 2줄을 한 쌍으로 하여 얽어매지만, 패턴 5는 날실 4줄을 한 쌍으로 하여 2줄씩 얽어맨다. 여기에서는 이 비침무늬를 가로뿐 아니라 세로로도 넣었다. 세로 비침무늬는 빈 줄을 만들어 놓고 나중에 돗바늘로 얽어맨다.

앞

① 날실 4줄을 한 쌍으로 하여 2줄씩 얽어 맨다. 방향은 좌우 어느 쪽이라도 상관없다.

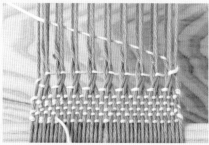

② 얽어매기 전의 평직과 같은 날실을 벌려 서 고정용 1단을 넣고 단단하게 리드로 씨실을 누른다.

③ 세로 비침무늬는 비워 둔 틈새 부분의 씨 실 4단을 한 쌍으로 하여 2단씩 돗바늘 로 얽어맨다.

패턴 6

'부케 짜기'라고도 부르는 기법으로 평직에서 날실을 벌렸을 때의 윗
실의 홀수 줄을 씨실로 묶는다. 묶은 부분이 느슨해지지 않도록 씨
실을 조금 팽팽하게 당긴 상태로 다음 다발을 묶는 것이 포인트이다.
이렇게 짠 천에는 앞뒤가 있다.

 앞　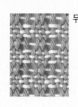 뒤

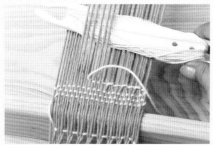

① 날실을 벌렸을 때 윗실 3줄을 셔틀로 줍
고, 같은 장소에서 다음 3줄을 포함한 6
줄을 주워서 부케 부분을 잘 졸라맨다.

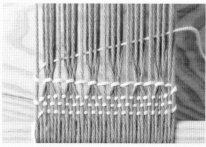

② 가로 1줄을 묶고 그 다음 평직은 이전 평
직과 반드시 같은 날실을 벌려서 한다.

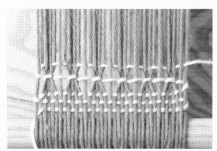

③ 앞단의 가장자리가 느슨해지는 것을 당
기면서 단단하게 리드로 씨실을 누른다.

'허커백 레이스' 또는 '모사직'이라 부르는 기법이다. 날실을 얽어매는 것이 아니라 날실을 건너뛰고 실을 서로 붙여서 틈새를 만든다. 여기에서 다룬 것은 가장 기본이 되는 3×3을 두 쌍으로 한 6줄 6단 허커백 레이스이다.

 앞

1 이 무늬는 평직, 3줄씩 건너뛰기, 평직을 2번 반복하여 짠다. 첫째 단은 평직으로 짠다.

2 둘째 단은 날실을 닫고 3줄씩 줍는다.

3 셋째 단과 넷째 단은 평직으로 짠다. 다섯째 단은 ②와 반대되는 실을 3줄씩 줍고, 여섯째 단은 평직으로 짜는 과정을 되풀이한다.

19 ★
여름 빛깔 스톨
✕ 비침 짜기

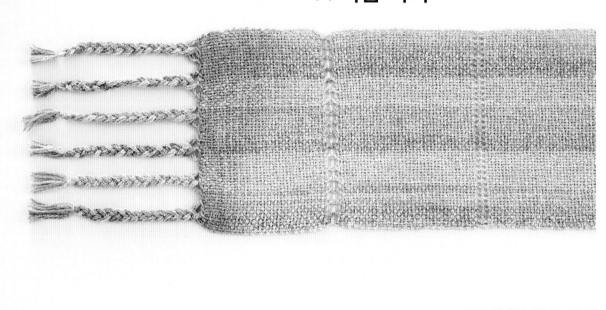

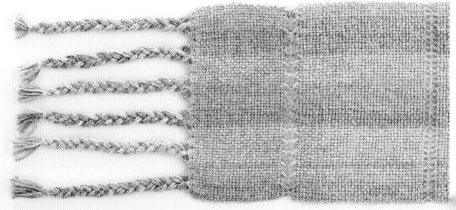

날실을 얽어매서 틈새를 만드는 비틀어 짜기를 '사' 또는 평직과 어떻게 조합하는가에 따라 '여', '라' 등으로 부른다. 광택 있는 혼방 면사에 원포인트로 비틀어 짜기를 넣어 시원해 보이는 스톨을 만들었다.

이 스톨에는 비틀어 짜기가 두 종류 들어갔다. 2줄 한 쌍인 비틀어 짜기일 때는 씨실 위에 있는 날실을 다른 날실 1줄 아래로 통과시켜 윗실로 줍고, 비틀어 짜기 앞뒤의 평직은 같은 날실을 벌려서 하는 것이 포인트.

DATA

사용하는 실

날실 ● 중세 혼방 면사 파란색 155m
씨실 ● 중세 혼방 면사 파란색 120m
위빙 길이 160cm
날실 길이 210cm
너비와 날실 수 14.5cm, 72줄
씨실 밀도와 리드 5단/cm, 50줄짜리

중세 혼방 면사
파란색

평직 8.5cm

2줄씩 비틀어 짜기 〈무늬 B〉

평직 8.5cm

1줄씩 비틀어 짜기 〈무늬 A〉

평직 8.5cm

2줄씩 비틀어 짜기 〈무늬 B〉

평직 8.5cm

〈무늬 A〉

〈무늬 B〉

비틀어 짜기 하는 법

〈무늬 A〉 씨실

〈무늬 B〉

씨실은 비틀어 짜기를 한 위쪽 실 위를 건너간다.

PROCESS

① 비침 짜기 전용 비틀기 바늘을 사용하면 빠르게 날실을 얽어맬 수 있다.

② 날실 4줄을 2줄씩 얽어매면 비침무늬가 커진다.

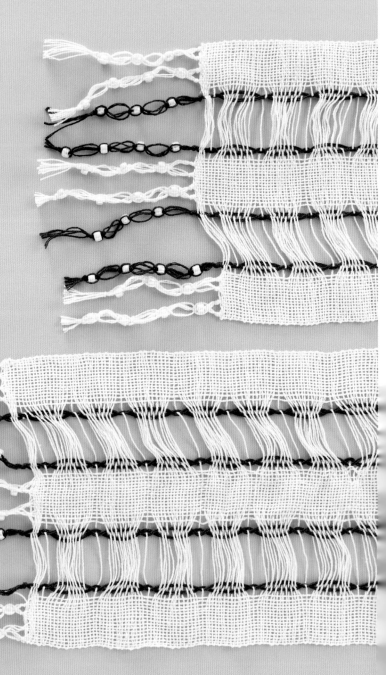

20
바다 무늬 스톨
× 비침 짜기

날실에 공간을 비우고 짜면(빈 줄) 공간에 가까운 실은 틈새 쪽으로 가게 된다. 이를 막기 위해 장식을
겸해서 남색 마사로 비틀어 짜기(103쪽 무늬 A)를 했다. 사슬처럼 생긴 선을 곡선으로 만들기 위해
남색 실 사이를 2줄 비웠다. 작은 날실 술은 마크라메 평매듭을 하고 사이에 비즈를 끼워 장식했다.

DATA

사용하는 실

날실　● 중세 면사 흰색 105m
　　　● 중세 마사 남색 20m
씨실　● 중세 면사 흰색 160m

위빙 길이 160㎝

날실 길이 210㎝

너비와 날실 수 20㎝, 48줄

씨실 밀도와 리드 5단/㎝, 50줄짜리

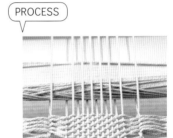

중세 면사 흰색

중세 마사 남색

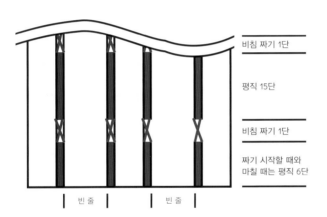

비침 짜기 1단

평직 15단

비침 짜기 1단

짜기 시작할 때와
마칠 때는 평직 6단

빈 줄　　빈 줄

날실　a=흰색, b=남색

a 16줄+b 2줄(2겹)+빈 줄 22줄+b 2줄(2겹)+a 16줄+b 2
줄(2겹)+빈 줄 22줄+b 2줄(2겹)+a 16줄

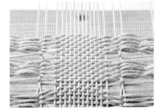

① 평직을 15단 짠 뒤에 틈새
옆쪽의 날실만 비틀어 짜기
를 한다.

② 비틀어 짜기를 한 실 2줄
사이를 2올 비우면 곡선 장
식 무늬가 된다.

21
라메 숄
✕ 비침 짜기

(A)

(B)

(C)

'5줄 라' 또는 '바구니 비틀어 짜기'라고 부르는 비틀어 짜기 기법이다. 4줄을 한 쌍으로 하는 날실은
단마다 4줄의 조합을 바꾸기 때문에 비틀어 짜기를 해도 별로 줄어들지 않는다. 모헤어사는 얽어매면
풀기 어려우므로 짤 때 실수하지 않도록 주의한다.

DATA

사용하는 실

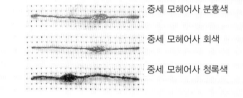

Ⓐ날실	• 중세 모헤어사 분홍색 180m	
씨실	• 중세 모헤어사 분홍색 135m	중세 모헤어사 분홍색
Ⓑ날실	• 중세 모헤어사 회색 180m	중세 모헤어사 회색
씨실	• 중세 모헤어사 회색 135m	
Ⓒ날실	• 중세 모헤어사 청록색 180m	중세 모헤어사 청록색
씨실	• 중세 모헤어사 청록색 135m	

위빙 길이 150㎝
날실 길이 200㎝
너비와 날실 수 22㎝, 88줄
씨실 밀도와 리드 4단/㎝, 40줄짜리

Ⓐ Ⓑ Ⓒ

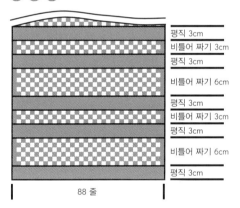

평직 3cm
비틀어 짜기 3cm
평직 3cm

비틀어 짜기 6cm

평직 3cm
비틀어 짜기 3cm
평직 3cm

비틀어 짜기 6cm

평직 3cm

88 줄

평직 3㎝＋비틀어 짜기 6㎝＋평직 3㎝＋비틀어
짜기 3㎝를 반복한다.
짜기를 마칠 때는 평직 3㎝를 한다.
비틀어 짜기 3cm＝ⓉⒽⓉ
비틀어 짜기 6cm＝ⓉⒽⓉⒽⓉⒽⓉ

비틀어 짜기 하는 법

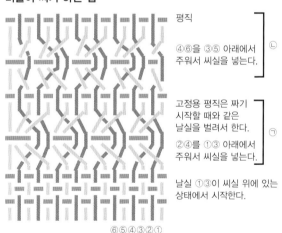

평직

④⑥을 ③⑤ 아래에서
주워서 씨실을 넣는다.
Ⓛ

고정용 평직은 짜기
시작할 때와 같은
날실을 벌려서 한다.
Ⓣ
②④를 ①③ 아래에서
주워서 씨실을 넣는다.

날실 ①③이 씨실 위에 있는
상태에서 시작한다.

⑥⑤④③②①

22 ★
면과 라메 숄
✕ 비침 짜기

굵기가 다른 실 두 종류를 일반 평직으로 짜서 체크무늬를 만들었다. 40줄짜리 리드는 중세 면사 평직을
하기에는 딱 알맞지만 극세 라메사를 짜기에는 성글다. 이렇게 실 굵기 차이로 인해 라메 부분이 비침무늬로
보인다. 중세 면사를 날실의 양 가장자리에 오도록 하는 것과 짜기 시작할 때와 끝낼 때의 씨실도
중세 면사로 하는 것이 포인트이다.

DATA

사용하는 실

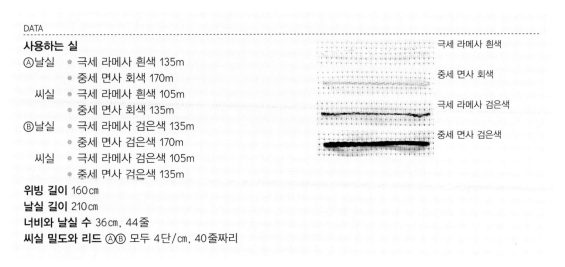

- Ⓐ날실 • 극세 라메사 흰색 135m
- 중세 면사 회색 170m
- 씨실 • 극세 라메사 흰색 105m
- 중세 면사 회색 135m
- Ⓑ날실 • 극세 라메사 검은색 135m
- 중세 면사 검은색 170m
- 씨실 • 극세 라메사 검은색 105m
- 중세 면사 검은색 135m

(labels: 극세 라메사 흰색 / 중세 면사 회색 / 극세 라메사 검은색 / 중세 면사 검은색)

위빙 길이 160cm
날실 길이 210cm
너비와 날실 수 36cm, 44줄
씨실 밀도와 리드 ⒶⒷ 모두 4단/cm, 40줄짜리

*극세 : 대바늘 2.1–3.0mm에 알맞은 굵기

Ⓐ Ⓑ

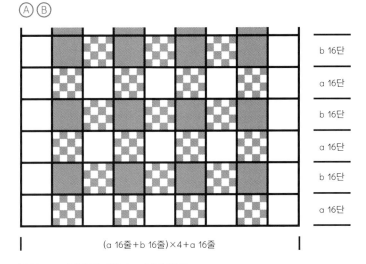

b 16단 / a 16단 / b 16단 / a 16단 / b 16단 / a 16단

(a 16줄＋b 16줄)×4＋a 16줄

날실 a＝극세 라메사, b＝중세 면사

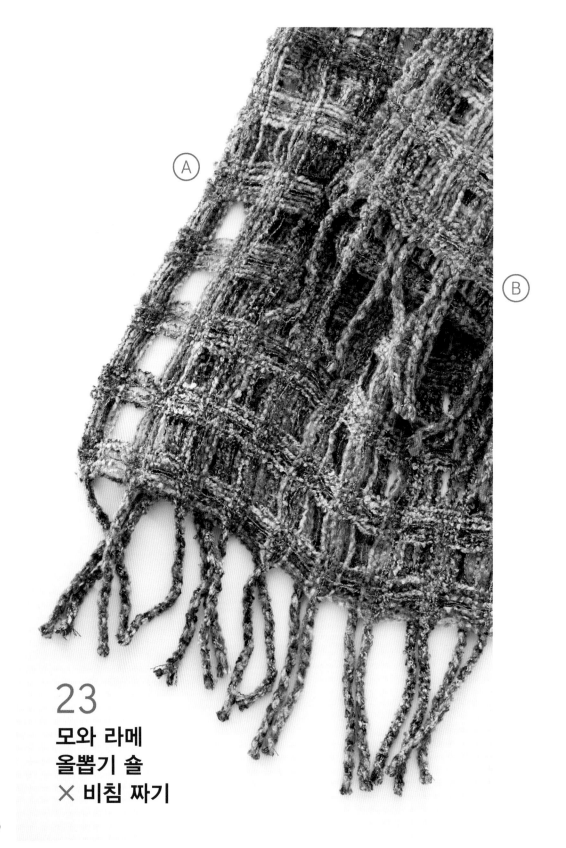

Ⓐ

Ⓑ

23
모와 라메
올뽑기 숄
✕ 비침 짜기

축융하기 쉬운 약연사(단위 길이당 꼬임 수를 적게 준 실−옮긴이) 모사와 면사를 격자 모양으로 짜서
잘 축융한 뒤에 면사를 뽑아내면 격자 사이가 빈 천이 된다. 축융하면 실끼리 얽히는 모의 특성을 살린
비침무늬이다. 포인트는 50℃ 정도의 뜨거운 물에 천을 한동안 담갔다가 축융하는 것이다.
라메사도 모사 사이에 끼우면 함께 고정된다.

DATA

사용하는 실

Ⓐ날실 · 극세 라메사 빨간색 45m · 중세 면사 회색 155m
· 약연 특수 모사 검은색 130m

씨실 · 극세 라메사 빨간색 35m · 중세 면사 회색 120m
· 약연 특수 모사 검은색 100m

Ⓑ날실 · 극세 라메사 검은색 45m · 중세 면사 회색 155m
· 약연 특수 모사 빨간색 130m

씨실 · 극세 라메사 검은색 35m · 중세 면사 회색 120m
· 약연 특수 모사 빨간색 100m

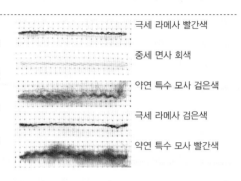

극세 라메사 빨간색

중세 면사 회색

약연 특수 모사 검은색

극세 라메사 검은색

약연 특수 모사 빨간색

위빙 길이 160㎝
날실 길이 210㎝
너비와 날실 수 38㎝, 152줄
씨실 밀도와 리드 4단/㎝, 40줄짜리

Ⓐ
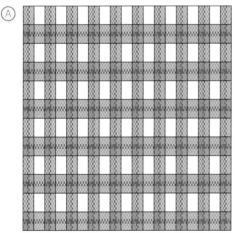

|A|B|A|B|A|B|A|B|A|B|A|B|A|B|A|B|A|B|A|

날실 A＝특수사 3줄＋라메사 2줄＋특수사 3줄
B＝면사 8줄
(A＋B)×9＋A
씨실 날실과 같은 순으로 짠다.

PROCESS

① 처음에는 면사를 가로세로
에 넣고 체크무늬를 짠다.

② 축융한 뒤에 면사를 뽑아서
틈새를 비운다.

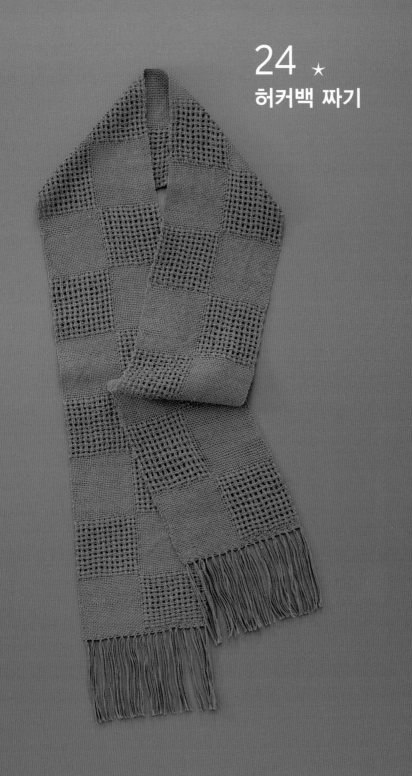

24 ★
허커백 짜기

틈새가 생기는 허커백 짜기가 위빙 너비 전체에 있을 때는 조직도대로 실을 통과시키면
4 샤프트 위빙룸으로 짤 수 있지만, 이 스톨처럼 반씩 블록이 나뉜 디자인일 때는 실을 주워서 짠다.
여기에서는 두 블록으로 나눴으나 3의 배수라면 3블록이나 4블록으로 변경할 수 있다.

DATA

사용하는 실
날실　● 중세 면사 수피마 빨간색 145m
씨실　● 중세 면사 수피마 빨간색 110m
위빙 길이 150㎝
날실 길이 200㎝
너비와 날실 수 18㎝, 72줄
씨실 밀도와 리드 4단/㎝, 40줄짜리

중세 면사 수피마 빨간색

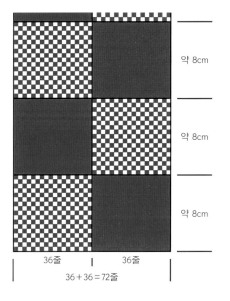

약 8cm

약 8cm

약 8cm

36줄　　36줄

36＋36＝72줄

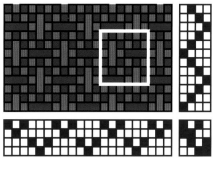

PROCESS 〉 허커백 짜기 부분은 3줄씩 줍기
＋평직 2단을 반복한다.

113

이중직

이중직이란 날실 하나를 4층 구조로 만들어서 위아래로 천을 2장 짜는 것이다.

테이블룸도 다른 실을 1줄 끼워 넣으면 4층 구조의 날실이 된다. 여기에서는 네 가지 색깔 실을 사용한다.

㉠ 파란색 ㉡ 연분홍색 ㉢ 흰색 ㉣ 갈색

1 날실은 홈 하나에 ㉠과 ㉡, ㉢과 ㉣의 조합으로 2줄씩 교대로 넣어 실을 건다.

2 2줄 중 ㉠과 ㉢을 주워서 면사(이하 가운데 실)를 통과시켜 실 끝끼리 묶는다.

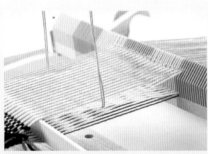

3 리드를 한쪽으로 기울여 날실을 벌리면 ㉠ 파란색이 가장 위, ㉣ 갈색이 가장 밑에 오는 4층으로 되어 있는 모습이 보인다.

4 반대쪽으로 기울여 날실을 벌리면 ㉢ 흰색이 가장 위, ㉡ 연분홍색이 가장 밑으로 가 있는 모습이 보인다.

5 이 이중직은 날실을 한 번 벌렸을 때 위 아래 2단을 동시에 짠다. ⓒ에서 날실을 벌렸을 때 위는 a 검은색, 아래는 b 주황색을 넣는다.

6 가운데 실까지 함께 리드로 누른다.

7 가운데 실만 짜기 전의 가운데 위치로 되돌려 놓는다.

8 날실을 한 번 벌렸을 때 셔틀 하나로 옆으로 U자 왕복을 하면 너비가 배가 되고, 통 모양으로 짜면 통 모양 천인 주머니 짜기가 된다.

25 ★
투톤 컬러
× 이중직

머플러 너비를 3등분하여 가운데만 이중직으로 짰다. 셔틀 2개를 준비해서 너비의 2/3 부분을 각각의
셔틀으로 되돌아 짜기를 한다. 이중직이 되는 가운데 부분만 리드 홈 하나에 날실을 2줄씩 건다.
4 샤프트 리빙룸일 때는 발판 밟는 순서를 바꾸고, 일반 테이블룸일 때는 주황색과 청록색 블록이
바뀔 때마다 가운데 실로 줍는 색깔 실을 바꾼다.

DATA

사용하는 실
날실 ● 중세 모사 주황색, 청록색 70m씩
씨실 ● 중세 모사 주황색, 청록색 45m씩
위빙 길이 140㎝
날실 길이 190㎝
너비와 날실 수 14㎝, 72줄
씨실 밀도와 리드 4단/㎝, 50줄짜리

중세 모사 주황색

중세 모사 청록색

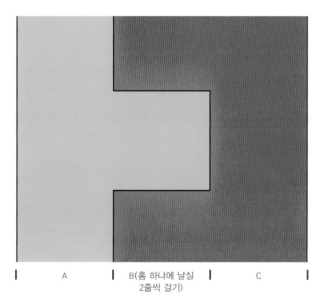

A   B(홈 하나에 날실   C
2줄씩 걸기)

날실 a=청록색, b=주황색
A=a 24줄, B=ab 24줄씩 2겹, C=b 24줄
씨실 a=청록색, b=주황색

26 ★
에스닉 무늬 × 이중직

중세 모사와 특수사를 조합하여 가운데 블록 부분을 이중직으로 짰다. 중앙의 C 부분 날실을 2겹으로 건다.
C 부분의 특수사를 주워서 가운데 실을 끼우고 날실을 벌리면 자연스럽게 4층 구조가 된다. 이중직 부분은
날실을 한 번 벌렸을 때 위 2층과 아래 2층의 두 종류 실을 감은 셔틀로 각각 짠다.

DATA

사용하는 실

Ⓐ 날실 · 중세 모사 흰색 155m

· 중세 슬러브 그러데이션사 65m

씨실 · 중세 모사 흰색 95m

· 중세 슬러브 그러데이션사 10m

Ⓑ 날실 · 중세 모사 검은색 155m

· 중세 슬러브 그러데이션사 65m

씨실 · 중세 모사 검은색 95m

· 중세 슬러브 그러데이션사 10m

위빙 길이 140cm

날실 길이 190cm

너비와 날실 수 17cm, 112줄

씨실 밀도와 리드 4단/cm, 30줄짜리

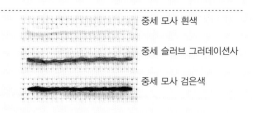

중세 모사 흰색

중세 슬러브 그러데이션사

중세 모사 검은색

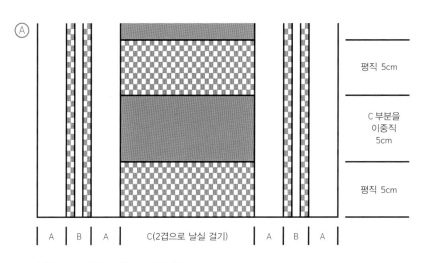

평직 5cm

C 부분을
이중직
5cm

평직 5cm

A B A C(2겹으로 날실 걸기) A B A

날실 a=중세 모사, b=특수사

A = a 2겹 7줄

B = b 2겹 2줄 + a 2겹 2줄 + b 2겹 2줄

C = (a 1줄 + b 1줄) × 16 2겹으로 걸기

씨실 a=중세 모사, b=특수사

앞

뒤

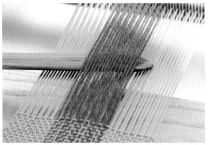

① 주황색 부분은 리드의 홈 하나에 초록색 실과 함께 날실을 2줄로 건 상태이다.

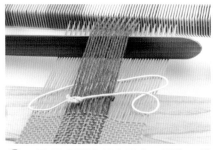

② 2줄 중 주황색 실만 막대로 주워 그 틈새로 굵은 끈을 끼운다.

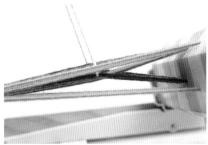

③ 날실을 벌려서 옆에서 본 상태. 끈을 끼운 부분이 4층으로 되어 있다.

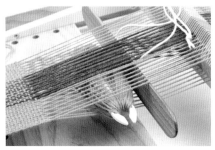

④ 날실을 한 번 벌려서 2번 짠다. 초록색 실을 끼운다.

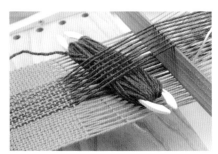

⑤ 끈을 들어 올려서 주황색 실이 벌어진 부분에 주황색 실을 넣는다.

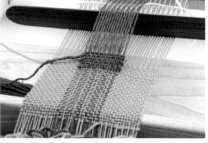

⑥ 다른 날실을 벌려서 생기는 틈새에 초록색 실을 넣고, 이번에는 끈을 아래로 내려서 주황색 실이 벌어진 부분에 주황색 실을 넣는다. 이 과정을 반복하면 주황색 천과 초록색 천, 이렇게 2장이 된다. 끈을 빼면 실 2줄은 같이 움직이는 평직이 된다.

테이블룸을 활용한 위빙 방법, 오픈 리드 테이블룸으로 케이블 짜기

세로줄무늬가 되도록 날실을 걸고, 대담하게 줄무늬째 날실을 교차시켰다. 원리는 뜨개질의 교차뜨기와 같다. 단, 교차뜨기는 몇 번이고 계속해서 같은 방향으로 교차시킬 수 있지만, 케이블 짜기를 하면 리드 뒤쪽의 날실에 꼬임이 남는다. 그러므로 계속해서 같은 방향으로 교차시키지 말고 오른쪽으로 교차시켰으면 다음에는 왼쪽으로 교차시키는 식으로 하는 것이 좋다.

DATA

사용하는 실

Ⓐ날실	● 병태 모사 빨간색 60m
	● 병태 모사 남색 60m
씨실	● 병태 모사 빨간색 92m
Ⓑ날실	● 병태 모사 빨간색 64m
	● 병태 모사 남색 40m
	● 병태 모사 베이지 40m
씨실	● 병태 모사 빨간색 92m

A   B

위빙 길이 15㎝ 너비×140㎝
날실 길이 200㎝
너비와 날실 수 15㎝, 60줄
씨실 밀도와 리드 4단/㎝, 40줄짜리

Ⓐ

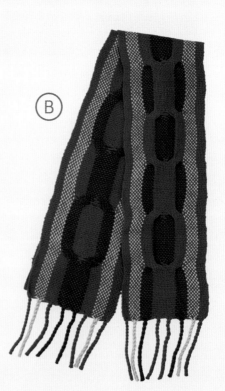

Ⓑ

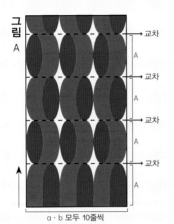

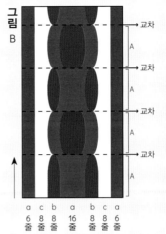

그림 A

→ 교차
→ 교차
→ 교차
→ 교차

A
A
A
A

a·b 모두 10줄씩

날실
a = 빨간색,
b = 남색

씨실
A = 평직 30단
A→교차→A→교차를 20번 반복한다.

그림 B

→ 교차
→ 교차
→ 교차

A
A
A

a   c   b   a   b   c   a
6   8   8   16 8   8   6
줄 줄 줄 줄 줄 줄 줄

날실
a = 빨간색,
b = 남색
c = 베이지

씨실
A→교차→A→교차를 20번 반복한다.

PROCESS A

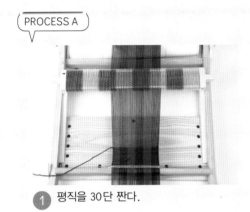

1 평직을 30단 짠다.

2 세로줄무늬 6개를 2개씩 끝에서부터 교차시킨다. 가운데 있는 줄무늬 2개 중 먼저 빨간 실을 리드에서 빼서 옆에 모아 놓는다.

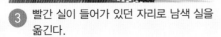

3 빨간 실이 들어가 있던 자리로 남색 실을 옮긴다.

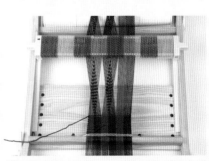

4 끝나면 남색 실 줄무늬를 비운 자리에 빨간 실을 넣는다.

⑤ 줄무늬 6개 세 쌍을 교차시킨 상태.

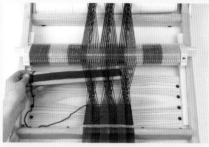

⑥ 리드 뒤쪽 날실도 꼬여 있는 상태로 평직을 30단 짠다.

⑦ 다시 줄무늬 6개 세 쌍을 교차시킨다. 가운데 한 쌍에서 먼저 빨간 실을 리드에서 빼서 옆에 모아 놓는다.

⑧ 빨간 실이 있던 자리로 남색 실을 옮긴다.

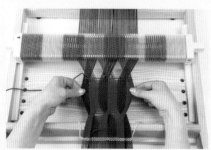

⑨ 세 쌍 모두 교차시킨 상태. 두 번째 교차에서 리드 뒤쪽 날실은 똑바른 상태로 되돌아간다.

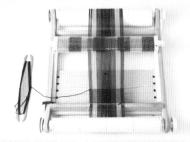

1 평직을 30단 짠다. B패턴의 교차하는 부분은 줄무늬 7개 중에서 가운데 3개이다.

2 가운데 있는 남색 줄무늬는 반으로 나눠서 각각 옆에 있는 빨간 줄무늬와 교차시킨다.

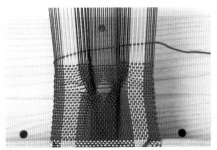

3 평직을 30단 짠다.

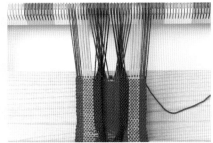

4 리드 뒤쪽 날실이 똑바른 상태로 되돌아오도록 남색과 빨간색 줄무늬를 교차시킨다.

마치며

저는 서로 어우러지는 색의 변화가 위빙의 가장 큰 즐거움이라고 생각합니다. 예컨대 흰색과 검은색, 이 두 가지 색깔 소재로 체크무늬를 만든다고 해 봅시다. 손뜨개나 패치워크 같은 기법을 이용하면 그 소재는 어디까지나 흰색과 검은색일 뿐입니다. 그러나 위빙에서는 씨실과 날실에 각각 흰색과 검은색 실을 사용하면 두 색이 교차하는 부분에 회색이라는 또 다른 색이 만들어지지요. 위빙을 시작한 지 얼마 안 되었을 때는 평직으로만 짜도 재미있는 천이 만들어지는 특수사를 찾기에 바쁩니다. 하지만 실력을 한 단계 더 높이고 싶다면 이 책에 실려 있는 체크무늬나 테이블룸으로도 가능한 기법을 꼭 이것저것 시도해 보세요.

리지드 헤들룸은 부담 없이 가지고 다닐 수 있는 크기라는 점도 큰 특징 중 하나입니다. 그래서 최근 테이블룸 강습도 많이 늘었습니다.

저도 블로그에 매일 글을 올리고 있지만, 인터넷에도 테이블룸에 관한 유용한 정보가 많이 올라옵니다. 자기 주위에는 위빙을 하는 사람이 하나도 없다고 생각하는 사람들도 많은듯한데, 찬찬히 주위를 살펴보면 의외로 가까운 곳에 위빙을 즐기는 사람들이 있답니다.

이 책도 수많은 정보 중 하나로 여러분에게 도움이 되기를 바랍니다.

지은이 **미노와 나오코**
MINOWA NAOKO

섬유공예가, 일본염직협회 회장. 지은 책으로는 《손으로 짜는 머플러&숄》, 《바느질하지 않고 만들 수 있는 가죽 테이프 가방과 소품》, 《직조 대전大全》 외에 다수가 있다. 위빙 및 초목염색 공방 Studio A Week(도쿄 시나가와구 고탄다)를 운영하며 이곳에서 각종 강습과 섬유공예 관련 서적, 창작 키트 판매 등을 하고 있다.
http://www.minowanaoko.com

옮긴이 **남궁가윤**

이화여자대학교와 한국방송통신대학교에서 전산학과 일본학을 공부하고 바른번역아카데미 일본어 출판번역 과정을 마쳤다. 옮긴 책으로는 《포근포근 아이 옷 손뜨개》, 《나만의 숲속 자수 작업실》, 《매일 입고 싶은 원피스 앞치마》, 《사계절 파티를 위한 인형옷 만들기》, 《나는 오늘 책상을 정리하기로 했다》 등이 있다.

감수 **정현진**

서울여자대학교와 런던의 센트럴 세인트 마틴에서 섬유공예와 텍스타일 디자인을 공부하고, 핸드위버로 활동 중이다. 텍스타일 크래프트 스튜디오 'N1 2LL'을 공동 운영하고 있으며, 핸드위빙 관련 수업도 진행하고 있다. 지은 책으로는 《뜨개만큼 쉬운 위빙》이 있다. http://n12ll.com

위빙 도구 판매처

＊벽과공간
서울특별시 중구 소공로 58 회현지하쇼핑센터 다열 27
http://blog.naver.com/machonloo

＊스튜디오 엣코트
서울특별시 강남구 압구정로 50길 22 3층
http://www.studio-atcoat.com

＊위빙샵
서울특별시 종로구 종로6가 289-3 동대문종합시장
B동 지하 235-237
www.weavingshop.co.kr

하루만에 완성하는

머플러 위빙

초판 1쇄 인쇄 2019년 1월 10일
초판 1쇄 발행 2019년 1월 15일

지은이 미노와 나오코
옮긴이 남궁가윤
감수 정현진

사진 구마하라 미에 | **디자인** 모치즈키 아키히데+기무라 유카리(NILSON)
모델 사토 후카, 와타나베 린코, 와타나베 미사키 | **헤어메이크업** 와타나베 미사키
편집 모리타 유키코 | **촬영 협력** 스타지오AO | **의상 협력** muumuu
제품 협찬 클로바(오픈 리드 테이블룸), 하마나카(리지드 헤들룸)

펴낸이 김명희
책임편집 이정은 | **디자인** 박두레
펴낸곳 다봄
등록 2011년 1월 15일 제395-2011-000104호
주소 경기도 고양시 덕양구 고양대로 1384번길 35
전화 070-4117-0120
팩스 0303-0948-0120
전자우편 | dabombook@hanmail.net

ISBN 979-11-85018-61-4 13590

이 도서의 국립중앙도서관 출판예정도서목록(CIP)은 서지정보유통지원시스템 홈페이지(seoji.nl.go.kr)와
국가자료공동목록시스템(www.nl.go.kr/kolisnet)에서 이용하실 수 있습니다.
(CIP제어번호: CIP2018038270)